百香果
高优栽培与加工技术

《百香果高优栽培与加工技术》编写组
主　　编：施　清　许家辉　陈清西
编写人员：施　清　许家辉　廖汝玉　肖　顺　陈清西
谢钟琛　魏秀清　郑明锋　李　韬　黄　芬
杨国永　谢　倩

海峡出版发行集团 | 福建科学技术出版社
THE STRAITS PUBLISHING & DISTRIBUTING GROUP | FUJIAN SCIENCE & TECHNOLOGY PUBLISHING HOUSE

图书在版编目（CIP）数据

百香果高优栽培与加工技术 / 施清，许家辉，陈清西主编. —福州：福建科学技术出版社，2022. 10
ISBN 978-7-5335-6844-3

Ⅰ. ①百… Ⅱ. ①施… ②许… ③陈… Ⅲ. ①热带果树—果树园艺②热带及亚热带果—水果加工 Ⅳ. ①S667. 9 ②TS255.4

中国版本图书馆CIP数据核字（2022）第176251号

书　　名　百香果高优栽培与加工技术
主　　编　施清　许家辉　陈清西
出版发行　福建科学技术出版社
社　　址　福州市东水路76号（邮编350001）
网　　址　www.fjstp.com
经　　销　福建新华发行（集团）有限责任公司
印　　刷　福建省金盾彩色印刷有限公司
开　　本　700毫米×1000毫米　1 / 16
印　　张　8.25
字　　数　132千字
版　　次　2022年10月第1版
印　　次　2022年10月第1次印刷
书　　号　ISBN 978-7-5335-6844-3
定　　价　29.80元

前言

百香果（西番莲）属于西番莲科西番莲属植物，是喜温暖、喜光、喜湿润气候的多年生热带藤本果树，其果实香气浓郁、风味独特、营养价值高，具有“果汁之王”的美称。百香果是我国南方新兴的特色水果，“短、平、快”优势突出，近年来福建等多个省份将百香果作为扶贫和乡村振兴的产业，其规模得到了迅猛的发展。

百香果最适宜的生长温度为 20~30℃，-2℃时植株会严重受害甚至死亡，10℃以下低温造成果实发育受阻和果实变酸、品质下降，当气温达到 35℃以上时又影响百香果的开花坐果。同时，百香果生产具有明显的忌地现象（不宜连作），由于根浅、根域范围大，自然零星栽培 20 年生树还能结果累累，但生产上规模化种植结果后第 2~3 年表现就较差，多年生植株易感茎基腐病和病毒病，严重影响产量与品质。

福建地处东南沿海，地跨南亚与中亚热带，境内多山，气候多样，百香果生产会遇到一些种植制约因素。闽南南亚热带低海拔丘陵山地温光条件好，年极端最低气温≥0℃，百香果露地栽培可以安全越冬，是百香果传统产区，但夏季常受高温影响无法开花坐果；其他地区由于受秋冬季气温的影响，果实发育受阻，树干冻裂或冻死等情况时有发生。

亚热带地区在百香果引种试种、推广的过程中，由于对热带水果的特性了解不足、栽培技术体系研究缺乏等原因，常出现产量和品质不稳定、加工滞后、效益参差不齐等影响产业发展的瓶颈问题。本书是福建省现代农业（水果）产业技术体系创新团队为解决这些问题所开展的栽培模式创新及在种质资源的收集保存、苗木培育、高优栽培、果品综合利用等方面的研究成果汇编，旨在为福建等亚热带地区百香果生产提供参考。

作者

2022年3月于福州

目录

一、福建百香果产业发展概况

福建百香果的栽培最早可追溯到 1937 年，但一直处于零星种植的状态。直到 20 世纪 80 年代末，百香果作为加工原料，在漳州有一定的种植规模，然而受品种、种植技术及当时经济发展和消费市场的限制，发展步伐缓慢，种植规模小。近年来，随着生活水平提高和饮食结构变化，加上百香果电子商务的助力，沉寂多年的百香果以其独特的风味和丰富的营养重新受到消费者的青睐。据福建省现代农业（水果）产业技术体系对福建省内消费者线上线下调查，有近 80% 的消费者喜欢购买百香果，有近 50% 的消费者愿意食用百香果加工产品。

由于百香果具有"短""平""快"的特点及市场需求的增加，2017 年开始，福建省农业厅按照"品种引领、品质提升、品牌打造"的总体思路，把百香果作为福建品牌农业的一个突破口和农业的新兴产业进行培育，取得了良好的成效。

（1）品种筛选方面

针对百香果品种"多""乱""杂"的实际情况，整合教学、科研、推广各部门技术力量，迅速开展品种筛选、鉴定、认定工作。2017 年首次认定了果色鲜艳、果香浓郁的福建百香果 1 号、2 号，作为主推品种；2018 年又组织认定了果色金黄、果味香甜的福建百香果 3 号，作为部分地区主栽品种，有效满足了不同区域种植和市场消费多元化需求。2021 年，福建百香果 1 号、2 号、3 号种植面积占全省百香果种植面积 90% 左右。

（2）品质提升方面

开展百香果栽培模式创新研究，研发适合亚热带气候的百香果一年一植栽培模式及配套栽培技术，通过栽培模式的创新，根据百香果当年苗植当年开花结果的特性，创新提出"一年一植"栽培模式，在克服连作障碍的同时，解决了亚热带地区百香果越冬问题，将种植区从闽南低海拔区域扩大到全省。研究制定了省地方标准《百香果（西番莲）病毒检测技术规范》（DB35/T1943—2020）、《百香果（西番莲）育苗技术规范》（DB35/T1991—2021）和《百香果（西番莲）栽培技术规范》（DB35/T1858—2019），促进了百香果的标准化生产。至2021年，扶持建设51个标准化育苗基地和一批标准化生产示范基地，通过优质高产技术培训普及，重点推广一年一植、大苗定植、合理密植、标准棚架、增施有机肥、水肥一体化等标准化生产技术，较好地解决了果农种植过程中遇到的技术问题，促进福建百香果规模生产基地全部按标生产。据调查，通过技术的示范推广，百香果亩均种植纯收益达3369元（每亩约为667米^2）。支持主产地建设采后商品化处理中心，促进果品分类分级、包装运输，提升了果实品质和商品性状。

（3）品牌打造方面

组织开展品牌宣传策划，申报国家地理标志产品认证，2017年“福建百香果”取得全国农产品地理标志保护，当年获得全国绿色食品博览会金奖。运用“两微一端”、网红等新媒体进行推介，网络媒体宣传覆盖面超1000万人，话题点击量超300万次。2018年，在中央七套《每日农经》栏目中播出时长15分钟的福建百香果专辑；在央视八大频道黄金时段滚动播出时长分别为15秒、30秒、60秒的武平百香果扶贫公益广告，取得了显著的宣传效果，福建百香果品牌影响力迅速扩大，绿色、优质、营养等特质家喻户晓、深入人心，福建百香果成为福建新兴水果的一张靓丽名片。

（4）一二三产业融合发展方面

扶持建设采后商品化处理中心20个，提高了果品上市品级。支持福建百香果精深加工，改进加工及综合利用工艺，福建百香果果汁饮品、果脯、蛋糕、面包、巧克力棒等产品上市销售，受到热捧。支持建设以福建百香果为主题的休闲农业基地近30家，延伸了产业链，提升了价值。

（5）产销对接方面

组织成立了福建百香果产销联盟，引导生产加工企业与种植户对接。大力支持开展福建百香果电子商务，依托京东等网络平台强大的流通体系，首次实现以电商为主要渠道的果品销售。

（6）经营主体方面

全省现有百香果企业150多家，合作社40多家，规模种植基地200多个，种植、加工、营销产业链完整，带动了与水果产业密切相关的营销贸易、产品包装、物流运输、餐饮旅游等产业发展。

（7）技术支撑方面

2017 年福建省政府印发《福建省人民政府关于加快农业七大优势特色产业发展的意见》，将百香果列入福建省农业发展重点任务之一。随后，福建省农业农村厅和财政厅启动福建省现代农业（水果）产业技术体系，在百香果种质资源的收集保存、病毒检测、新品种示范推广及其配套技术的研发集成创新、示范推广与产业化开发等领域开展了多项技术创新与集成推广，为百香果产业的可持续发展提供技术支撑。

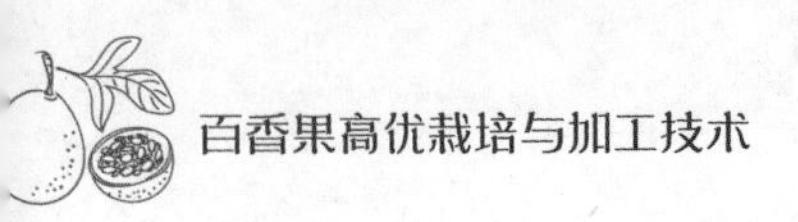

二、百香果种质资源与优良品种

（一）西番莲起源与分布

1. 西番莲的起源与传播

西番莲属于西番莲科西番莲属植物，原产于南美洲北部加勒比海小安的列斯群岛至巴西北部热带地区，及南部南回归线以北的广阔热带、南亚热带地区，多为藤本植物，属于热带亚热带多年生长的果树，在热带、亚热带地区广泛种植。

西番莲科植物在我国有西番莲属和蒴莲属 2 个属，约 22 种，包括引种栽培的 7 种。目前，世界上作为食用栽培的西番莲多数为紫果西番莲（*Passiflora edulis*）、黄果西番莲（*P.edulis* f. *flavicarpa*）、樟叶西番莲（*P. laurifolia*）、大果西番莲（*P. quadrangularis*）、甜果西番莲（*P. ligularis* Jussieu）和香蕉西番莲（*P. tripartita* var. *mollissima*）等 6 种。其中，紫果西番莲、黄果西番莲（紫果西番莲的变种）及它们的杂交种被广泛地应用于农业生产，俗称“百香果”。西番莲属植物我国有 19 种 2 变种（包括引种栽培种），分布于南部和西南部。百香果 90% 的种类产于热带美洲，其余种类多数产于亚洲热带地区。

根据《福建省地方志》记载，福建百香果曾由华侨在清雍正二年（1724 年）从西洋引入，但后失传；20 世纪 50 年代初再由华侨从东南亚引入紫果西番莲种植于福建省南安县，但仅有零星种植未成规模，其后有很长一段时间，百香果只是作为家庭庭院观赏植物，被人们栽植于房前屋后。台湾省在 1901 年从日本引入紫果西番莲，后传入大陆。大陆地区在 1936 年从夏威夷引进黄果西番莲；1966 年福建省亚热带植物研究所曾在同安县竹坝农场进行大面积栽培研究，后因“文革”而中断；1979 年厦门罐头厂在厦门市郊种有西番莲约 100 亩，又因兴建国际机场而毁去。到了 1987 年，经国务院发展南亚热带作物开发办公

室批准，将西番莲作为我国南方重点开发的作物之一，至此才有了较大面积的发展。

福建省对百香果选育种工作起步比较晚，但潜力很大。福建省热带作物科学研究所20世纪80年代已将百香果选育种列入研究课题，从种质资源的收集、百香果的栽培管理、抗病性选育种及制作高级饮料等方面做了大量工作，获得了很多宝贵经验和素材。90年代，泉州市南安县金淘乡占石村果林场通过夏威夷黄果种与紫果种杂交，从中选出具有优良性状的百香果品系“占果1号”，漳州市长泰县的古农农场从紫、黄果百香果自然杂交后代中选出变异株，培育新品系“古杨一号”。

2. 西番莲的分布

目前，西番莲已在北回归线至南回归线的热带、南亚热带地区广泛种植。紫果西番莲在巴西（南部、中部）、阿根廷（中部）、美国（夏威夷地区）、中国（华南地区）、印度（南部）、斯里兰卡、澳大利亚（北部）都有大规模种植。黄果西番莲在美国（夏威夷地区）、墨西哥、巴西（北部）、委内瑞拉、圭亚那、澳大利亚、印度（南部）、马来西亚、泰国、中国、肯尼亚、马拉维、加纳、南非（北部）、斐济等都有一定规模种植。世界上栽培百香果的国家主要有巴西、秘鲁、美国、哥伦比亚、委内瑞拉、哥斯达黎加、危地马拉、巴拿马、厄瓜多尔、斐济、印度、斯里兰卡、马来西亚、泰国、日本、肯尼亚、南非和澳大利亚，其中巴西也被认为是西番莲属遗传多样性的重要中心，约有141种已知的本地物种，广泛用于制作食品、药物和观赏区，此外它被称为世界上最大的百香果生产国。

我国的百香果栽培品种，主要有紫果种、黄果种及其杂交种共三大类型品种。虽然百香果在我国引种较早，但规模化的商业性栽培近几年才开始发展。其中，广西种植面积最大，主要分布在南宁、柳州、北流、钦州、桂林及贵港等地；重庆主要分布在垫江；云南主要分布在德宏和西双版纳等地；福建分布在漳州、龙岩等地；贵州主要分布在松桃、从江、沿河、金沙、惠水、普安及镇宁等地，其种植品种主要为台农1号、紫香1号和金旺二号。海南属于热带地区，气候条件非常适宜百香果生长。

（二）西番莲种质资源

西番莲属大约有 400 种，其中果实可供食用的种类不少于 60 种。西番莲种质资源研究是一项十分重要的基础工作，对于种质资源的收集与生物多样性具有重要意义。

1. 西番莲种质资源收集和保存

（1）西番莲种质资源收集情况

西番莲是异花授粉植物，经过长时间的杂交和中间突变，产生了很多新的品种。西番莲属植物在我国有 19 种 2 变种（包括引种和栽培种），分布于南部和西南部。林祁通过核对标本等对杯叶西番莲、尖峰西番莲进行了考订，这 2 种都属于国产的西番莲属植物。我国的 2 属在云南都有，野生有 12 种，栽培和逸生有 4 种，共计有 16 种。

经调查，爱国华侨叶会绸于 1952 年 8 月从 4 个马来西亚带紫果西番莲果实，育出幼苗 400 多株，种于泉州市南安县金淘乡琛垵村当溪自然村。此外，漳州市漳浦的大南坂农场、长桥农场和福建农学院等在 20 世纪 50 年代也曾引入紫果西番莲进行试种。福建热带作物科学研究所于 1979 年从华南植物园引进来自圭亚那的黄果西番莲，以后又从台湾地区和澳大利亚、意大利等地引种。厦门华侨引种场于 1984 年两次从台湾引入（紫、黄果）西番莲杂交种，其后代在同安及长泰推广；漳浦的杨乃京和陈振明等在 1986~1987 年也先后从台湾引进（紫、黄果）西番莲杂交种的种子，在漳浦育苗种植。贵州省亚热带作物研究所于 1991 年分别从广西南宁（广西热带作物研究所）、福建福州（福建省农业科学院）和福建漳州（福建省热带作物科学研究所）引进华阳一号、台农 1 号、南美黄果、泰国黄果 4 个良种实生苗各 40 株，统一在本所望谟试验场进行试种观察，种植 1 年后各品种均能正常开花结果。20 世纪 90 年代，南安县金淘乡占石村果林场通过夏威夷黄果种与紫果种杂交，从中选出具有优良性状的百香果品系“占果 1 号”；漳州市长泰古农农场从紫、黄果百香果自然杂交后代中选出变异株，培育新品系“古杨一号”。

广西玉林目前拥有最大的百香果果汁生产企业，生产百香果原浆、浓缩汁、果汁、果脯、果醋、果茶、果酱等多种产品。主要栽种品种是台农 1 号、芭乐味

黄金、巨无霸、大黄金，从其他地方引进的有哥伦比亚热情果、吉龙1号、茉莉花、钦蜜9号等品种。

（2）西番莲资源的保存

①就地保存。就地保存是指在西番莲种质所在地保存的方式。种质的就地保存方式，有利于濒危种正常生长、繁衍。随着我国政府越来越认识到种质资源的重要性，近年来建立了一批国家级及省级自然保护区。目前，海南、福建、广西等地均建立百香果种质资源苗圃，保存鉴定了紫香1号、紫香2号、紫香3号、黄金果系列、台农1号、台农2号和满天星等品种。

②迁地保存。迁地保存是指把整株西番莲种质迁离它自然生长的地方，移栽保存在植物园、树木园或果树原始材料圃等场所的种质保存方式。

③离体保存。离体保存是指利用种子、花粉、根和茎等组织或器官在脱离母株的条件下来保存百香果种质的方式。其中，利用营养器官最为妥当，因为它具有原来母体的全部遗传物质。离体培养技术的不断发展，为长期保存百香果种质资源提供了新的有价值的手段。保存材料可用原生质体、未分化的细胞或愈伤组织分化的芽和胚等，但最理想的是茎尖和分生组织。为了避免病毒对所保存种质的影响，通过百香果种质离体保存技术研究，确定在MS＋PP_{333} 2.0毫克/升培养基中，常温保存330天，百香果无菌苗成活率为80.0%，再次继代，材料的再生和增殖能力良好，该技术可用于百香果种质资源的中长期保存。

2. 西番莲种质资源鉴定评价进展

（1）西番莲性状鉴定

通过基本信息、形态特征、农艺性状、品质性状、抗逆性状等五个方面对西番莲品种进行性状鉴定。陈洪彬以福建省主栽西番莲品种“黄金”和“紫香”两个品种为试验对象，比较这两个品种果实采后贮藏品质和耐贮性的差异性，为果农或经销商选择耐贮性的西番莲品种提供参考。将果实在常温25±1℃、相对湿度70%条件下贮藏，结果表明，与黄金西番莲相比，紫香西番莲耐贮性较好，采后贮藏期间紫香西番莲好果率较高，而果实失重率和皱缩指数较低。

在贵州地区，王叶以西番莲台农1号（紫果）、福建百香果3号（黄果）为研究材料，分析其在山地栽培的果实发育动态、外观品质及内在品质表现，为冷凉地区发展西番莲种植提供参考。研究表明，室温条件下黄果较紫果耐贮性更强；

山地栽培紫果的单果重显著低于黄果，但其矿质元素、内含物、氨基酸含量等内在品质更突出。与热带产区相比较，冷凉山地环境种植的西番莲果实品质整体更优，为生产高品质西番莲提供新选择。

（2）西番莲分子鉴定

分子标记在西番莲商业化选种育苗上有重要作用，分子标记能直接从 DNA 水平反映种质之间的遗传差异，也是研究植物遗传多样性的有效工具，如 SSR、ISSR 等。SSR（Simple Sequence Repeats）标记是近年来发展起来的一种以特异引物 PCR 为基础的分子标记技术。SSR 标记数量众多，属于共显性遗传，具高度多态性、重复性和稳定性，简便可靠，因此被广泛地用于遗传多样性研究。目前，SSR 技术在西番莲选育方面发展研究还没有形成对每个地域的百香果资源进行分子水平上的遗传评价与鉴定分类的系统。ISSR 标记具有简单、快速、重复性好、可靠性高、多态性高和引物通用的优点，被广泛地用于遗传多样性的研究。

SRAP 标记和 ITS 序列也适用于西番莲分类。夏玲用 SRAP 标记和 ITS 序列对 11 份西番莲种质进行遗传多样性分析，SRAP 标记分析时从 70 对引物组合中筛选出 9 对重复性好、条带清晰的引物组合，共扩增出 110 个条带，平均每组引物可扩增 12.22 个条带，多态性条带占 84.93%。UPGAM 聚类可以将 11 个西番莲样品分为 5 个类群，第一类：哥伦比亚热情果、巨无霸；第二类：黄金果、台农 1 号、满天星和天王星；第三类：蓝香和瑞香；第四类：玛格丽特；第五类：龙珠果。进行 ITS 序列分析时，11 个西番莲样品 ITS 序列长度为 667bp，变异位点为 162 个，单倍型 10 个，单倍型多样性 0.982，核苷酸多样性 0.071。采用 NJ 法对 11 个样品构建系统进化树，哥伦比亚热情果、巨无霸为一支，蓝香、瑞香和玛格丽特为一支，金霸、黄金果、台农 1 号、满天星和天王星为一支。通过两种方法分析均能很好地将 11 个西番莲样品区分开来，结果基本一致，且与其属种相吻合。

3. 西番莲种质 DUS 测试技术和标准

NY/T 2517–2013《植物新品种特异性、一致性和稳定性测试指南　西番莲》这一标准中规定了西番莲属（*Passiflora*）新品种特异性、一致性和稳定性测试的技术要求和结果判定的一般原则。该标准适用于西番莲属的紫果西番莲（*P. edulis*）、黄果西番莲（*P. edulis* f. *flavicarpa*）、杂交种西番莲（*P. edulis* × *Redulis* f.

flamcarpa）、西番莲（*P. caerulea*）、大果西番莲（*P. quadrangularis*）、橙果西番莲（*P.ligularis*）、梅叶西番莲（*P. laurif olia*）、香蕉西番莲（*P. mollissima*）、翅茎西番莲（*P. alata*）、蓝翅西番莲（*P. alatocaerulea*）、红花西番莲（*P. miniata*）、洋红西番莲（*P. coccinea*）、艳红西番莲（*P. vitifolia*）、紫花西番莲（*P. amethystina*）新品种特异性、一致性和稳定性测试和结果判定。

该测试指南参考了 UPOV 的西番莲 DUS 测试指南，充分考虑了我国西番莲资源、选育种和生产实际，各项技术指标和内容符合我国现行的有关政策，并与相关法规一致。测试指南确定了测试性状 52 个，其中基本性状 44 个、选测性状 8 个，填补了辨别西番莲 DUS 测试指南的空白。测试方法可操作性强，对促进我国西番莲新品种选育、品种权保护及品种管理具有重要意义。

（三）百香果主要栽培品种

目前市场上主要商用品种是西番莲科西番莲属鸡蛋果（*P. edulis*）和西番莲（*P. caerulea*）两个种。主要品种有黄果、紫果、黄果与紫果杂交种等三大类，加上地方品种（系）和优选单株构成目前主要栽培品种。

1. 百香果育种进展

（1）育种方法

西番莲育种的主要目标是追求高产（其中也包括自交亲和性、抗病、抗逆性等）、优质（包括高品质和风味，即高果汁率、高糖酸度、风味佳、香气浓、大果形等），以及不同产果期等。

①选种。由于西番莲是异花授粉植物，自然群体中呈高度异质性，因此可以从田间栽培的大量种群中挑选满足某些方面育种目标的优良单株。台湾目前种植的黄果品种为秘鲁圆形种、泛美种和维琪种，是从黄果西番莲中选出的优良品种。

②杂交育种。多数西番莲种类和品种各具有一些优良性状，同时也存在有一些不好的性状。因此，采取杂交育种就是要导入优良性状，克服不良品性，达到组合优良性状的目的。

③诱变育种。利用西番莲种子实生苗各器官和 3 个西番莲品种（紫果西番莲、黄果西番莲、台农 1 号）的成熟茎段建立了高频的离体再生体系，通过培养成熟

种子的胚乳获得了纯合的三倍体植株，利用秋水仙素处理种子、愈伤组织、不定芽诱导产生了四倍体植株。对胚乳培养中愈伤组织的诱导、植株再生进行了系统的研究，建立了西番莲高频的离体再生体系，为西番莲的快繁及进一步诱变育种奠定了基础。

（2）育成新品种

目前，福建省农业科学院果树研究所从“荔枝味”百香果实生后代中，筛选出“紫钟”“梨香”2个砧木用新株系，其根系旺盛，长势好，耐湿旱，根茎部木质化程度高，根茎基腐病极少，已申请国家新品种权；从黄金百香果实生后代中筛选出鲜食品种“雅蜜”，平均可溶性固形物含量18.5%，平均单果重91.7克，已提交至中国热科院分析测试中心进行DUS测试。福建百香果2号是2010年从广西引进的紫果西番莲中筛选而出，福建百香果1号、3号是2015年从台湾等地引进的黄金百香果等黄色种西番莲中筛选而出。广西壮族自治区农业科学院园艺研究所研究新品种“桂百一号”，是以台农1号西番莲为母本、紫果西番莲为父本杂交育成的西番莲优良鲜食新品种。广东地区主栽品种“华扬1号”，是华南农业大学陈乃荣教授从黄果西番莲中选育的新品种。

2. 百香果主栽品种

（1）福建产区分布

现阶段，百香果的栽培主要集中在台湾、福建、广东、海南、广西、云南南部和四川等热带、亚热带地区，少数温带地区有少量的温室设施栽培。

①闽东地区。为福建东部，含闽江中下游及东北部山区的广大区域，行政上包括福州和宁德，属于亚热带季风气候，年平均气温14.7~19.3℃。主要推广福建百香果1号、福建百香果2号、芭乐味黄金百香果等品种。闽东地区冬季百香果容易受到冻害影响，应根据气候条件选择适宜当地的主栽品种，对于有霜冻的地区种植的百香果，应采用大棚等设施栽培提高温度，以利于果实成熟及树体正常越冬；或采用一年一栽的栽培措施，秋季先在温室中培育大苗，等春天气温回升后再种植大苗，这样可以避免霜冻对果质、产量的影响。

②闽南地区。闽南指福建南部九龙江、晋江流域的区域，临台湾海峡，行政上包括厦门、漳州、泉州三地，经济较为发达，故又有“闽南金三角”之称。此外，金门县亦属于闽南。其中，漳州所处纬度较低，靠近北回归线，气候属南亚

热带海洋季风气候，北有高山阻挡寒流侵袭，南有海洋调节，气候温暖，雨量充沛，冬无严寒，夏无酷暑，主要种植芭乐味黄金百香果；厦门主要栽种台农2号、满天星百香果、黄金香百香果。

③闽西地区。闽西历史上的“古汀州府八县”，为现地级龙岩市管辖的长汀、永定、上杭、武平、连城，以及地级三明市的宁化、清流、明溪等八县。现在则指福建最西边的地市龙岩市。龙岩市新罗区于2005年从广西引种紫香1号百香果种植，现主栽品种为紫香1号、台农1号，主要分布在龙岩市的东部，即永定、新罗、漳平南部、上杭部分地区及连城东部的玳瑁山区一带。该区域年降水量丰沛，日照充足，开花坐果期适宜的有效积温多，适宜大面积种植。但在适宜区内的高海拔地区，秋冬季受冷空气影响较大，初霜冻出现的时间较早，可能使百香果较早进入休眠期，需注意低温冷害的不利影响。

④闽北地区。指福建省南平市，为中亚热带海洋性湿润季风气候，年平均气温17~19℃，日照1700~2000小时。7月最热，月平均气温28~29℃；1月最冷，月平均气温6~9℃。南平市武夷山岚谷乡稍屯村2019年种植百香果，收益颇丰，扩大了种植规模，并尝试种植从台湾引进的黄金百香果新品种。种植结合采摘，大力发展乡村休闲旅游，带动周边农副产品销售，助农增收。目前，各地以百香果合作社为主，科技特派员进行技术扶持，现场指导农户进行百香果育苗、分株、嫁接等繁育环节，既节约了成本，又提高了成活率。

（2）品种分类原则和方法

①依果皮颜色划分。

黄色百香果：成熟时果皮亮黄色，果型较大，圆形，星状斑点较明显，单果平均80~100克。果汁含量高，可达45%，pH2.3。优点：黄色鸡蛋果生长旺盛，开花多、产量高，抗病力强。缺点：异株异花授粉才能结果，要人工授粉才能保证产量，不耐寒，霜冻即死。酸度大，香气淡，一般做工业原料，加工果汁，不适合鲜吃。特征：卷须紫色，茎呈明显紫色，果熟时皮是黄色的。

紫色百香果：根据果面紫色程度通常可以分为紫果和紫红果两类。其中，紫果类通常果型较小，鸡蛋形，星状斑点不明显，单果重40~60克，果汁香味浓、甜度高，适合鲜食，但果汁含量较低，平均30%。其卷须及嫩枝呈绿色，无紫色，成熟果皮紫色，甚至紫黑色。该类品种耐寒耐热，但抗病性弱，长势弱，产量低。紫红果类品种为黄、紫两种鸡蛋果杂交之优质品种，果皮紫

红色、星状斑点明显，果型较大，长圆形，单果重100~130克。抗寒抗病力强，长势旺盛，可自花授粉结果，不用人工授粉。果汁含量高达40%，色泽橙黄，味极香，糖度可达21%，适鲜食、加工。

②依用途划分。

食用价值：根据测定，百香果果实中含有超过165种的芳香物质。其果实香味浓郁，含有丰富的蛋白质、脂肪、还原糖、多种维生素有机酸（抗坏血酸）、类胡萝卜素、纤维素和人体需要的17种氨基酸。其果肉可以制作成果汁饮料，在国际市场上享有“饮料之王”的美誉，以百香果果汁与其他果汁充分调配制成的混合饮料，具有良好风味和独特口感，普遍受到消费者欢迎。巴西最近研制出菠萝、百香果和雪莲果的混合果汁，其果汁具有较强的生物活性和益生元化合物。百香果果皮重量占果重的36%~53%，新鲜果皮含2.4%的果胶。用百香果果皮制作的蜜饯和果酱，只需调整糖酸比，不用添加色素和香精，就能保持良好的色泽和风味。

药用价值：西番莲某些种的根、叶、果实都可以入药，在欧洲及北美被作为传统药物使用，多种提取物已被多个国家官方批准作为药物。如杯叶西番莲具有祛风清热、消炎止痛、活血散瘀、兴奋强壮的功效，经研究发现该属植物具有抗癌、抗菌抗炎、抗焦虑镇定、止咳、抗氧化等作用。百香果含有十分丰富的氨基酸，有利于人体健康，经常食用百香果可以提高人体免疫力、延缓衰老；含有番茄红素，能清除自由基，阻断亚硝胺形成，起到防癌抗癌、预防心血管疾病、提高免疫力和延缓衰老的作用。据研究发现，百香果中还含有黄酮、黄酮苷、生物碱、生氰化合物和酚类等小分子化合物，以及钙、铁等。这些物质均与预防人类疾病有关，可降低患癌症和心血管疾病的风险。

观赏价值：百香果为常绿草质藤本植物，具卷须，善攀缘。聚伞花序退化为单花，花白色为主，基部紫色，有芳香。浆果卵圆形，黄色或紫色。花期4~8月。百香果叶薄质，轻柔。花朵奇异、具有芳香气息，适合做南方地区的庭院观赏植物，也可以用做阳台垂直绿化或盆栽、廊架观赏。红花西番莲原产于委内瑞拉、圭亚那、秘鲁、玻利维亚和巴西等热带美洲地区，现全球热带地区广泛栽培。喜高温湿润气候，要求光照充足的环境。红花西番莲是优良的垂直绿化植物，适于庭院、花廊、花架、花墙及栅栏的美化，也适合家庭盆栽欣赏，有独特的观赏价值。其他种类还有香蕉西番莲（*P. millissima*）、舌苞西番莲（*P. liqularls*）、樟叶西番莲（*P.*

lauriofolia）、淡花西番莲（*P. incarnata*）、大果西番莲（*P. quadrangularis*），主要用作砧木、观赏栽培。

（3）主要栽培品种

台湾于 1901 年从日本引入紫果西番莲，后传入大陆。目前，中国种植面积日益扩大，主要分布在台湾、广西、福建、海南、广东等地，栽培种有黄果种、紫色种、杂交种等。

①紫果品种。

台农：该品种是目前推广面积最大的杂交种，由台湾凤山热带园艺试验分所以紫果种为母本、黄果种为父本进行杂交所得的 F1 优良无性系。藤为圆柱形，中等绿色；叶片革质，掌状 3 裂，叶缘锯齿状；叶柄蜜腺位置邻近叶基，数量 2 个；果实椭圆形，平均单果重 77.75 克；果皮紫红色，表面密集小斑点；果肉橙黄色，汁液多，香气较浓，风味较酸；种子阔卵形；可溶性固形物含量 17.55%。

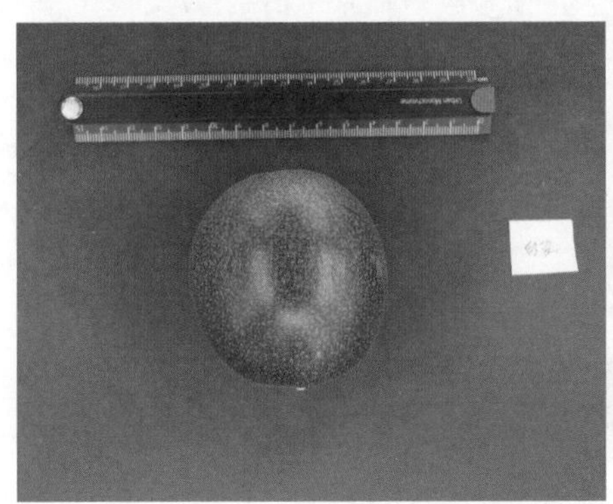

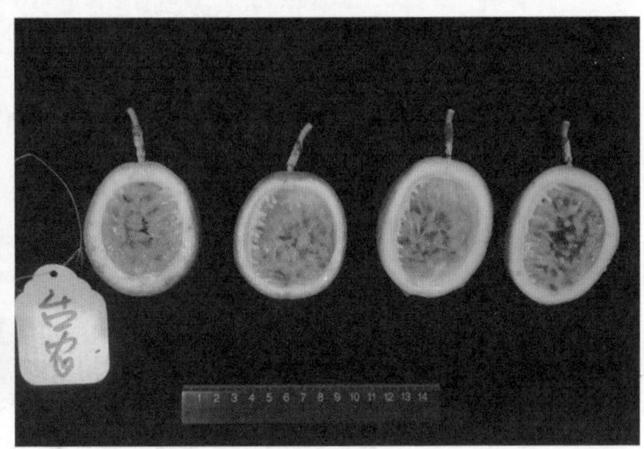

图 2-1　台农

紫香：该品种果实近圆球形或卵圆形，平均纵径 6.4 厘米，横径 5.8 厘米，果形指数 1.1，平均单果重 65 克；嫩果绿色，成熟果果皮紫红色，果皮厚度 0.3~0.6 厘米，稍硬；果肉橙黄色，酸度低，香气浓，风味佳，可鲜食，也可加工果汁，果汁含量 28% 左右，可溶性

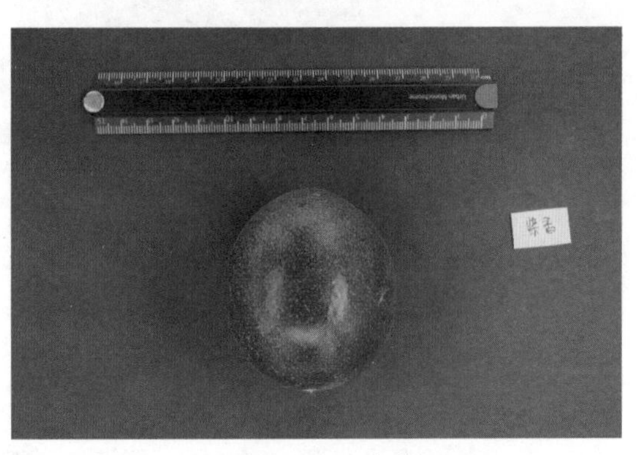

图 2-2　紫香

固形物含量15%~16%；种子小而多，黑色。果实成熟后会自然脱落，耐贮运。

福建百香果1号：该品种2005年从台湾引进的台农1号中筛选出，属半木质藤本植物，茎和卷须略带紫色。在龙岩市新罗区花期为5月上旬至11月上旬，从坐果到成熟约70天。果实近圆形，紫红色或深紫红色，果皮光滑、革质，密布浅色果点，较小，果皮厚度0.3~0.6厘米，果肉黄色、黏质，单果重69克，可溶性固形物含量17.8%，可滴定酸2.56%。香气浓郁，汁多味浓，品质总体优于台农1号。

福建百香果2号：2010年从广西引进的紫果西番莲中筛选出。福建百香果2号属西番莲紫果种。在龙岩市新罗区花期为5月中旬至11月上旬，从坐果到成熟约70天；果实椭圆形或卵圆形，紫色，果皮光滑、革质，密布浅色果点，稍大，果肉橙黄色，香气浓，风味佳，鲜食加工兼用。适宜在福建省极端最低气温＞0℃的区域种植。

满天星：该品种由台湾省从印度尼西亚引进改良培育而成。叶片为掌状3裂，少数叶片为2裂，叶柄无花青苷显色；花朵苞片为绿色，萼片外绿内白，花瓣白色，无花青苷显色或极弱；果实较大，果皮表面斑点大，单果重130~150克，果肉为橙黄色，可溶性固形物含量10.3%，出汁率达40%，耐运输，适合鲜食，抗寒性差，霜冻地区易发绿斑病。

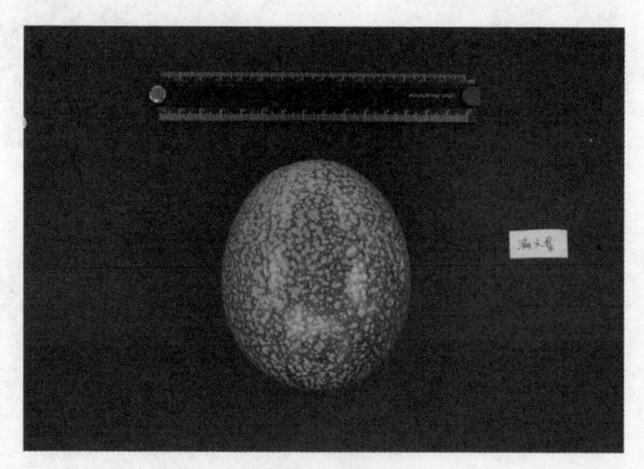

图2-3　满天星

金都3号：该品种是以台农1号和黄果西番莲作为亲本杂交育成的鲜食新品种。果形稍扁圆形，平均单果重98.56克；成熟夏果果皮粉紫红色，冬季果皮紫红色，白色果点密集明显，果皮较硬；果肉黄色至橙黄色，可溶性固形物含量17.6%，

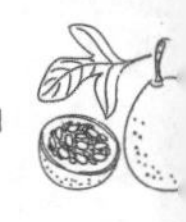

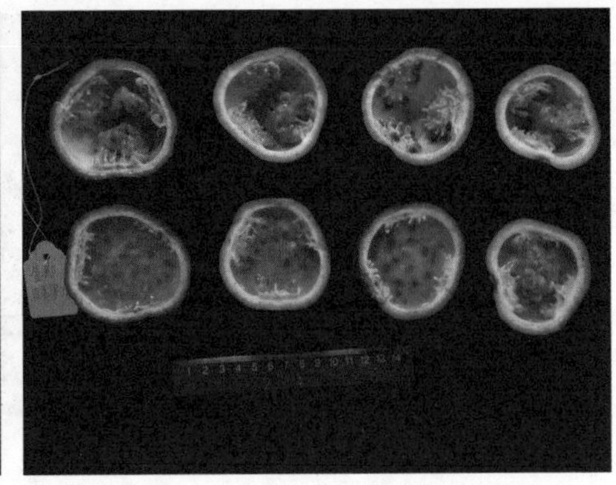

图 2-4　金都 3 号

可食率 60.40%，果汁率 51.94%，果汁丰富饱满，清爽甜蜜，有水蜜桃香气，鲜食品质优。

②黄果品种。

芭乐味黄金：该品种藤为圆柱形，紫绿色；叶片革质，不分裂，阔卵形，叶缘锯齿状；叶柄蜜腺位置邻近叶基，数量 2 个；果实近圆形，平均单果重 65.58 克，果肉黄色，汁液少，香气浓，香气有芭乐味，风味甜，可溶性固形物含量 18.82%；果皮黄色，表面有斑点，种子卵状三角形。

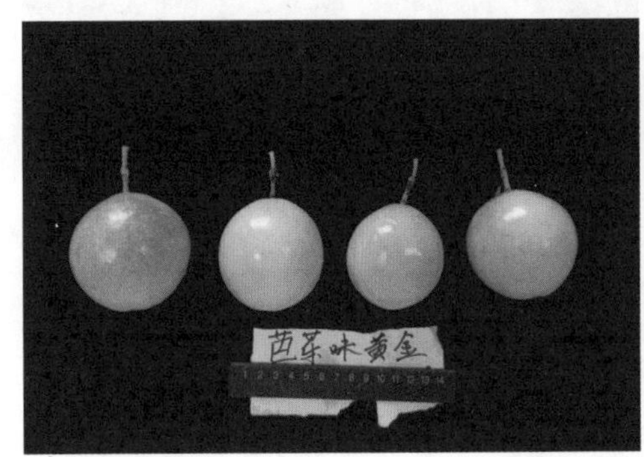

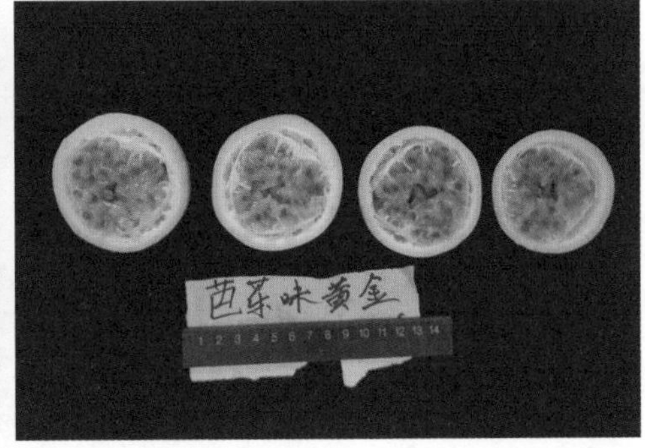

图 2-5　芭乐味黄金

钦蜜 9 号：该品种果实近圆形，平均单果重 117.03 克；果皮黄色，表面有斑点；果肉黄色，汁液中等，香气浓，香气有芭乐味，风味酸甜；种子近楔形；可溶性固形物含量可达 20% 以上；高温挂果能力强，容易开花结果，自花授粉，坐果率高，产量较高，抗寒性较差，适合热带低海拔地区种植。

图 2-6　钦蜜 9 号

福建百香果 3 号：2015 年从台湾等地引进的黄金百香果等黄色种西番莲中筛选出。果实近圆形，具番石榴香气，果皮黄色、光亮、革质、带白色果点，内果皮与中果皮结合较松散、紧裹果肉，果肉黄色或橙黄色、黏质，汁多味甜，品质佳。适宜在福建省种植，极端低温＜ 0℃地区露地栽培无法越冬。

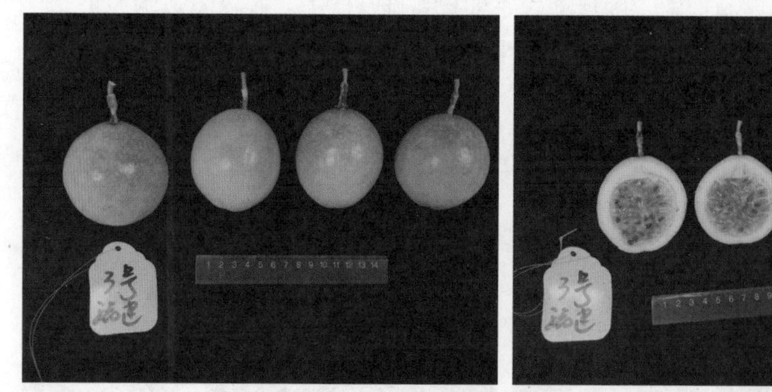

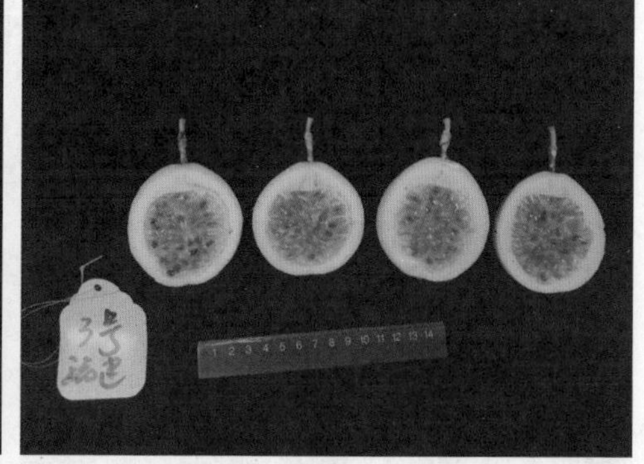

图 2-7　福建百香果 3 号

雅蜜：该品种是从芭乐味黄金实生后代中选育出的新品系，其藤为圆柱形；叶片革质，掌状 3 裂，叶缘锯齿状；叶柄蜜腺位置邻近叶基，数量 2 个；花瓣正面主色浅绿色；果实近圆形，平均单果重 82.82 克；果皮黄绿色，表面有斑点；果肉橙黄色，汁液少，香气淡，风味甜酸；种子卵状三角形；可溶性固形物含量 19.20%。

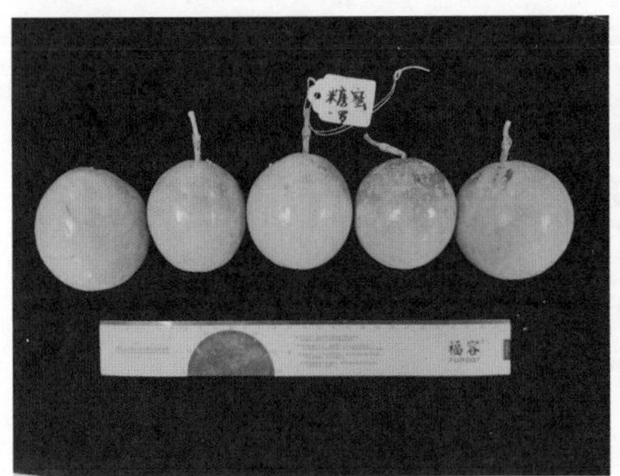

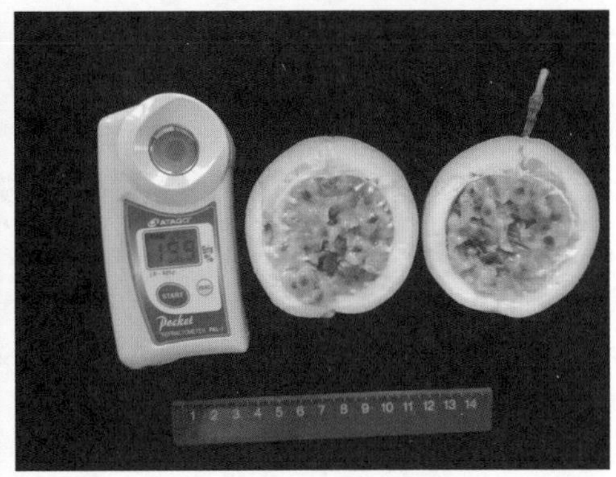

图 2-8　雅蜜

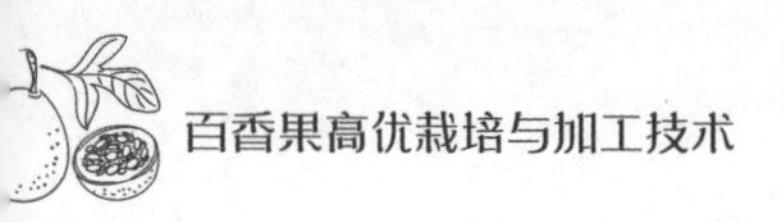

三、百香果标准化种苗繁育与生产基地建设

（一）标准化种苗繁育

种苗繁育是百香果产业的基础性工作之一，而病毒病是制约百香果产业发展的最大障碍之一，无病毒种苗是避免大规模病毒病暴发的关键。早期福建省个体育苗户或小型育苗企业多采用“以苗繁苗”的方法，直接影响着种苗的生理性状及种苗的纯度和质量，导致病毒病快速蔓延到百香果栽培新区，严重影响百香果产业发展。2017 年开始，福建省实施标准化育苗基地建设，通过母本园建设、标准化种苗快繁技术及病毒综合防控进行生产，降低了病毒病为害。

1. 母本园建设

母本园建设作为果树种苗体系的一个重要组成部分，在苗木生产与快繁方面起着决定性的作用。目前，通过母本园、采穗圃标准化育苗基地建设（图 3–1），从母本园保存百香果无病毒繁殖材料，为采穗圃提供接穗、砧木种子及苗木等。无病毒母本园定期接受病毒检测机构的检测，一旦发现感染病毒立即更换，确保母本园的纯度和一致性。母本园、采穗圃均采用 40 目以上防虫网物理隔离。母

图 3–1　母本园、采穗圃

本园管理中，病虫防治重点以防为主，每隔 15 天喷施杀菌剂，保证母本园无植株感染病虫，保障百香果始终处于一个正常的生理状态；修剪技术主要为重截促萌，结合疏枝与摘心，促进壮枝，延长母株的营养生长阶段，也可利用激素、根外追肥等方式进行调节，以防止植株过早衰老。母本园 3 年进行一次更新。采穗圃宜采用篱架式栽培，结果枝条不宜用于扦插与嫁接。

2. 标准化育苗

经过多年的发展，福建省制定并颁布了地方标准 DB35/T 1991—2021《百香果（西番莲）育苗技术规范》，规范了福建省百香果种苗生产，其主要内容涵盖了圃地选择、扦插育苗、嫁接育苗、大苗培育、苗木出圃、档案管理等百香果苗木繁育技术。

福建省百香果育苗全程物理隔离，要求周边无烟草、瓜类、豆类、茄科、辣椒等中间寄主种植，创新了基质调配、接穗选择及大苗培育等关键环节。

（1）基质调配

基质的主要功能是提供植物支撑，保障有效水分、养分及气体交换（O_2 及 CO_2）。理想基质的特性主要为高 CEC、多孔性、足够有效水、低盐度及高腐殖化；其重要的化学性状有酸碱值（pH）、阳离子交换容量（CEC）、导电度（EC）及养分浓度，基质盐分含量（EC）会影响水的渗透势能，盐分高于植物能接受的范围，则会有缺水现象，高 EC 对苗木生产极其不利；CEC 越高，养分越不会流失。常用育苗材料有细黏土、粗黏土、砂粒、藓类泥炭、腐质泥炭、蛭石、珍珠石、陈年树皮。

以易获取、便宜、高 CEC 来调配百香果育苗基质，并研究不同育苗基质对百香果苗木生长的影响。

比较育苗基质、菜园土：草炭土：细河沙 =4 ：1 ：1 自配基质、黄土基质对百香果苗木生根的影响。采用完全随机区组试验设计方法，各试验每处理 10 个插穗，重复 3 次。试验选中部半木质化枝为插穗，切成 10~15 厘米小段，每个枝段含 1~2 个节，去掉基端节上叶片，留上节的 1 片叶，剪除叶片 2/3，扦插端削斜口，将斜口端 2/3 插入苗床，株行距为 4 厘米 ×8 厘米。扦插 2 个月后调查苗木生长情况，包括根数、根长、根粗、新生蔓长、新生叶片、成活率（表 3-1）。

表 3-1 不同基质对百香果苗木生长的影响

处理（基质）	平均根数（条）	平均根长（厘米）	平均根粗（毫米）	新生蔓长（厘米）	新生叶片数（片）	成活率（%）
育苗基质	19.8	12.3	0.54	5.9	4.3	78.0
自配基质	20.4	12.4	0.56	6.0	4.3	81.2
黄土基质	16.1	10.9	0.53	5.1	3.6	63.1

育苗基质与自配基质的苗木生长情况好，成活率显著高于黄土基质，且在根系数量、质量及苗木长势上具极大优势，黄土基质作为传统育苗基质主要体现在成本低、保水性强，但苗木定植后普遍呈现蹲苗现象。

（2）接穗的选取

百香果扦插、嫁接的接穗选取是苗木生产的首要环节，农户自育常随机剪取，接穗未标准化严重影响福建省百香果苗木生产。现通过插穗生根质量评价试验，确定了苗木繁育的接穗为健壮、无病虫害、腋芽饱满、茎直径 0.4 厘米左右的半木质化枝条。

取百香果不同部位为插穗，以木质化程度为参考，分为上部未木质化、中部半木质化、下部木质化取穗，采用完全随机区组试验设计方法，各试验每处理 10 个插穗，重复 3 次，基质采用菜园土：草炭土：细河沙 =4 ：1 ：1 比例配制的混合轻型基质。插穗切成 10~15 厘米小段，每个枝段含 1~2 个节，去掉基端节上叶片，留上节的 1 片叶，剪除叶片 2/3，扦插端削斜口，将斜口端 2/3 插入苗床，株行距为 4 厘米 ×8 厘米。扦插 2 个月后调查生根情况，包括生根率、生根数量和根长，综合评价插穗生根质量（Q）（表 3-2）。

Q= 生根率 ×50%+ 平均根数 ×25%+ 平均根长 ×25%

表 3-2 不同部位插穗生根情况

处理（插穗部位）	生根率（%）	平均根数（条）	平均根长（厘米）	Q 值
上部茎段（未木质化）	49.7	15.6	10.4	31.35
中部茎段（半木质化）	87.2	24.8	15.4	53.65
下部茎段（木质化）	32.3	11.9	10.8	21.83

如表 3–2 所示，半木质化接穗生根质量最佳，下部茎段木质化程度高，导致生根困难，上部茎段扦插易褐化且插条容易腐败。

（3）生根激素浓度选择

以吲哚丁酸（IBA）5 毫克 / 升、10 毫克 / 升、15 毫克 / 升 3 个质量分数梯度试验，浸泡插穗基部 30 秒，对照为相应时间的清水浸泡，各试验每处理 10 个中部半木质化插穗，重复 3 次。扦插 10 天后检查插穗的切口愈合、生根情况（表 3–3）。

表 3–3　用不同浓度 IBA 处理扦插的生根及生长情况

浓度（毫克 / 升）	切口愈合期（天）	生根期（天）	生根率（%）	成活率（%）
10	21a	26a	75.6	82.4
5	18a	28ab	70.1	87.2
15	31b	32b	68.3	69.1
CK	40bc	35c	69.3	68.5

比较不同浓度吲哚丁酸（IBA）对扦插生根及生长的影响，确定了最佳激素浓度为 10 毫克 / 升。

（4）大苗培育

百香果大苗是“一年一种、大苗定植”模式的关键，不仅可提高产量，还可有效降低病毒累积为害。大苗营养杯直径≥ 12 厘米、高度≥ 15 厘米，可直接在

图 3–2　百香果大苗生产

大营养杯培育或苗高20厘米时移至大营养杯，插纤维素棒或竹竿，绑主蔓，浇足定根水；其后隔15天喷0.5%平衡复合肥，抹除侧芽；出苗前10天练苗，减少水、肥供应促进枝条老化。

3. 病毒防控技术

福建省百香果育苗已进入设施栽培阶段，通过物理隔离避免外来病毒入侵感染，棚内生产以“病毒监测、阻遏传播”为核心，重点监测蚜虫、蓟马并及时防治，对采穗、嫁接工具消毒，秋冬季低温期重点监测病毒。

病毒传播媒介蚜虫在大棚设施栽培较田间多，且多为桃蚜，在龙岩地区可发生29~40代，为害高峰期在3月中旬至6月上旬、8月中旬至10月，且世代重叠现象严重。高于28℃的气温对其发育不利，适宜繁殖温度在24~28℃，高温高湿有利其繁殖与为害。桃蚜存在种群分化现象，2月中旬至3月上旬孵化，4月上中旬有翅蚜迁移，10月下旬产生性母和雄蚜，性母以孤雌生殖产生无翅有性雌蚜，与迁飞的雄蚜于11月上旬交尾产卵，约10粒卵。有翅蚜胎生16~18头，无翅13~15头，以卵越冬。

桃蚜对黄色和橙色有强烈趋性，对银灰色有负趋性，为此通过大棚悬挂黄板监控诱杀，开春后清除杂草，喷洒杀虫剂可降低虫口，冬季清园可对病毒有效防控。

修剪、取接穗等农事操作时应注意消毒工具，可使用次氯酸钠，避免病毒通过机械传播。在种苗生产过程中重点监控9月至翌年2月的病毒发生情况，对采穗圃的各繁殖材料进行病毒抽检，可采用混样提高检测效率，出圃苗木按苗木量的0.05%进行随机抽检，以确保苗木不带病毒。

（二）标准化生产基地建设

近年，福建省农业农村厅通过现代果业项目对福建百香果的标准化生产基地建设进行持续扶持，在多年项目实施的基础上总结出一套百香果标准化生产基地建设经验。百香果标准化基地要做到“六要”：一是园地要方便；二是设施要齐全；三是棚架要标准；四是种苗要粗壮；五是种植要规范；六是档案要健全。

1. 合理选择园地

选择交通方便，开阔向阳，土层深厚，土质疏松、肥沃，土壤pH5.5~6.5，

水源充足、清洁，地下水位高于50厘米，排灌方便的平地或15° 以下的坡地建园。

2. 配套园地设施

标准园要配套苗木假植圃、水肥一体化设施。

（1）假植圃

标准园种植上推广“一年一植，大苗种植”技术模式，为减少购买大苗的费用，方便运输，推荐种植户前期购买小苗假植培育大苗定植，一般要求标准化生产基地按每50亩生产园配置0.5亩假植圃。

假植圃要求避风向阳，防寒防冻。要求棚高3.0米以上，肩高1.5米以上，宽8~10米，长20~30米，棚内地面在与棚顶最高处垂直处设置1米宽通道，通道两侧按照畦高20厘米、宽1.2米整理苗床，苗床间距0.8~1米；棚顶用薄膜覆盖，垂直棚面覆盖防虫网、薄膜，两端设置出入口，安装高1.8~2米、宽1~1.2米推拉门。假植圃要求既可通风透气，又可防寒防冻。

（2）水肥一体化设施

标准园应配置田间水肥一体化滴灌设施。根据果园面积配置水源系统（即蓄水池）、首部枢纽（含配电系统、加压水泵、过滤器、施肥器）、输配水管网（含干管、支管、毛管三级管道）、灌水器（含滴灌管、滴头）。50亩果园标准要配置蓄水池200米^3（按每亩果园4米^{3}计），配肥桶2个，1吨/个；干管（直径75毫米）700米左右，支管1500米，滴灌管约11000米，滴头间距50厘米（滴头流量4升）。

3. 搭建标准棚架

标准园要求采用平顶式棚架。棚架立柱可用镀锌管或水泥柱等，长约2.4米，间距2.5~3.0米，入土50~60厘米，棚高1.8~1.9米，边柱上设置斜拉线；立柱顶端棚面铺设8号铁丝，其余采用直径2.5~4毫米的塑钢线横竖拉成50厘米 ×70厘米的网格，棚体每隔12~15米留出1条2米左右通风带。

4. 推广大苗定植

标准园要求品种纯正，综合性状较好，适合当地气候，适应市场需求。实行大苗定植，在10~12月间，将自育或购进的小苗（扦插或嫁接）换大营养杯（袋），杯的直径14~16厘米，用育苗基质、有机肥、黄壤土做营养土，在假植圃集中养护。薄肥勤施，促进幼苗快速生长；同时大棚做好温度和湿度实时监控，做好通风、排水、保暖等措施，培育至3月中旬气温稳定回升时、苗高80厘米以上，再行大苗定植。

5. 规范种植技术

（1）连作处理

12月初下霜后，连作地块及时清园。将田间枝蔓、果实、残留黑膜移出园外或将枝蔓粉碎还田。灌水溶田，每亩撒施石灰50~75千克，灌水后机耕翻土，泡水1~2个月。

（2）整畦施基肥

定植前1~2个月，田块排水耕性较好时，按照畦宽1.5米、畦高0.4~0.5米，沟宽0.5~0.8米规格，机耕翻土作畦。亩施腐熟有机肥1500千克以上、复合肥50千克、石灰50千克、白云石粉100千克，再用旋耕机使肥料与泥土混匀，最后人工把畦面整成龟背形，待降雨充分湿透土壤后盖上黑地膜。

（3）适当密植

要求黄金果每亩种植220株、紫果每亩种植110株左右。定植时挖好一个长、宽、深各20厘米左右的定植穴，将苗木从营养袋中破袋取出，放入种植穴中，填好土，压实，及时浇足定根水，整理好枝蔓并插入引蔓枝，固定好苗木。

（4）科学施肥

苗期施高氮型多元素复合肥水溶肥，花期滴灌施高磷高钾型复合肥，果实发育期叶面喷施磷酸二氢钾、硼酸等叶面肥。

（5）绿色防控

标准园要求采用无病毒苗木，增施有机肥、磷钾肥。加强修剪，提高棚架通风透光率。冬季清园，减少病虫源；安装太阳能杀虫灯，悬挂蓝板、黄板、性诱剂；选用矿物源、生物源农药防治病虫。

6. 健全生产档案

（1）按标生产

要求制定先进、可操作性强的标准化生产技术规程，制度上墙并按标生产。

（2）产品可追溯

建立投入品管理、生产档案、产品检测、基地准出、质量追溯等管理制度。

（3）实现“三化”

“三化”即种植规模化、生产标准化、销售品牌化。

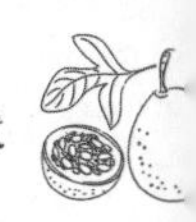

四、百香果一年一植栽培模式与配套技术

百香果作为一个重新兴起的水果产业，潜力较大，发展迅速，但种植效益一直不稳定，具体表现是产量偏低，因此提高百香果平均单产是目前产业发展亟须突破的问题，也是百香果产业种植效益提升的关键。经过对福建、广西、海南等产区的调查，目前对产业影响比较大的几个问题是种苗质量、连作障碍、高温结果障碍、紫果果实脱浆、黄果脱囊、整形修剪、叶片黄化等，其中与栽培技术密切相关的连作障碍、高温结果障碍及叶片黄化问题是影响产量、品质、种植效益的主要不确定因素，需要加大技术研发力度，如果这些问题没有得到较好的解决，将对后续产业发展带来诸多限制。

近年来，百香果栽培模式的变革，给产业发展带来了希望，尤其是一年一植栽培模式的推广，解决了原来多年生种植模式的许多产业问题，如影响较大的茎基腐病问题。福建省在 20 世纪 80 年代，百香果产业于短期内跌入低谷，其中一个原因就是茎基基腐病控制不住。近年，通过一年一植高畦起垄、结合提高种苗质量等栽培技术处理，现在各产区已经很少发生，偶有发生也只是个别植株零星暴发。因此，随着高畦起垄、大苗定植、合理密植等配套技术的示范推广，百香果将迎来高质量发展的新时期，在乡村振兴中发挥积极的作用。

（一）百香果栽培环境

百香果的栽培环境条件对其产量、品质影响比较大，据国内各主要产区相关调查，花期气温太高、冬季低温冻害、苗期倒春寒、花期雨水、干旱、积水等气象条件及土壤连作等都对百香果的生产带来比较大的挑战。

1. 百香果栽培的光温条件

百香果是喜温、喜光、喜湿润气候的热带果树，忌霜害，凡是无霜带都可栽培，紫果百香果比黄果百香果适应性更强，但气温过高过低均不利其生长。百香果原产地广泛种植于海拔1000~2000米的无霜地带，而其他热带亚热带地区紫果种则种于1000米以下，黄果种种于600米以下。百香果露地栽培时宜选择在年平均温度18℃以上、最冷月平均气温8℃以上、年降雨量在1000毫米左右的地方种植。在大棚保护地进行种植时，还受光照条件和灌溉条件的影响，特别要防止棚内高温对开花结果的不利影响。在热带冬季温暖地区，春季、秋季和冬季均能正常开花结果。百香果开花最适宜的温度是25~30℃，低于15℃或高于35℃花粉不能萌发。气温30~35℃时，紫果百香果基本不能开花坐果，黄果百香果能部分坐果，但坐果率明显降低。百香果在气温15~35℃时生长良好，最适宜生长温度为20~30℃，25~27℃时生长量最大，低于15℃时生长缓慢，低于10℃时停止生长，5℃时开始受冻害，叶色变黄落叶。据低温冻害调查，极端最低气温在4.18℃和5.4℃时，黄金百香果植株没有出现受冻症状；极端最低气温在2.5℃和2.68℃时，叶片或嫩梢有受害症状，枝条基本没有受冻；极端最低气温在–2~0℃，出现不同程度的叶片、果实急性掉落，40%左右叶片和枝蔓受冻呈现水渍状后逐渐干枯死亡；极端最低气温在–2℃以下，百香果的叶片80%以上受冻，大部分枝条受冻，严重的果园主蔓冻裂甚至整株死亡。同时，当秋冬季温度低于–2℃或连续霜冻2天时会对百香果造成严重冻害。秋季气温低于12℃时枝叶生长停止、果实发育受阻甚至停止，0℃以下嫩梢受冻，–2℃以下枝干冻裂或植株冻死。2017年冬季，龙岩市新罗区白沙镇绿又佳果园大棚内–1℃，紫果百香果嫩梢受冻，导致枝梢生长延缓和开花结果推迟10~15天。

温度是影响百香果开花结果的主要因素，在开花前20~35天最高温度和日平均温度与单株花芽分化率和花芽退化率均呈显著负相关，开花当日最高温度和平均温度分别高于36.19℃和26.24℃时，坐果率随温度升高而下降，且开花后5~20天的日最高温度与一级蔓和二级蔓坐果率均呈显著负相关。花芽形成期最高温/最低温为34.2/20.4℃~36.7/23.4℃条件下，不利于二级蔓和三级蔓花芽形成。日平均光照强度为4000~4790勒，光照强度越大则二级蔓和三级蔓的花芽分化率和退化率越高，而低温加弱光条件下花芽分化则受到抑制。台农1号优势坐果节位为4~7节位，优势坐果枝蔓为二级蔓，且花前20~35天和开花当天及花后5~20天的高温分别是限制其花芽形成和坐果的最主要气象因素。

花期高温干燥天气，黄金百香果花出现明显枯花落花现象，开花当日温度在

30℃以上时温度越高坐果率越低，当极端最高气温达38℃时无法挂果。据2020年华安试验点观察，5月上旬，35℃以上高温日数达8天，在此期间植株生长缓慢，花芽分化大量减少，花序大部分变黄脱落，落花率高达50%~60%，同时果实膨大受阻，部分果实褶皱或脱落。

针对“百香果高温结果障碍”问题，进行福建百香果1号、3号2个品种人工气候室的高温坐果情况的模拟试验。在当天花开放之前把盆栽苗移进设定好温湿度的气候室，开花后马上进行人工授粉，并挂牌标记，花后10~15天调查坐果率。模拟结果表明，福建百香果1号在相同空气相对湿度、高温处理时长条件下，温度升高，坐果率下降，35℃时坐果率95%、37℃时坐果率可以达80%，但39℃时坐果率只有5%，同时发现33℃、45%空气相对湿度时坐果率也达85%。相同温湿度条件下，高温处理时间越长，坐果率越低，处理3小时坐果率可以维持57%，处理5小时坐果率只有4.67%，处理2小时的时候还能达80%，由此推断福建百香果1号在湿度条件允许条件下，临界高温是38~39℃，上限是39℃，同时花期高温时长也是高温结果障碍的影响因素，37℃以下高温只要湿度高，高温时间小于5小时，高温结果障碍不是很明显。

福建百香果3号的模拟结果显示温度39℃、41℃，40%空气相对湿度、处理2小时，坐果率分别只有15%、10%，但39℃、空气相对湿度70%、处理2小时，坐果率能达到53.3%；在空气相对湿度70%和2小时条件下，37~39℃，温度越高坐果率越低，空气相对湿度45%条件下，温度越高坐果率越低，且坐果率也明显低于空气相对湿度70%时的坐果率。这说明福建百香果3号的高温结果障碍的临界高温是39℃。福建百香果1号、3号的高温模拟试验显示，在高温条件下增加空气相对湿度对提高坐果率极其有利。后又在百香果果园现场验证，露地栽培在温度37℃、空气相对湿度60%时，挂牌标记当天开花的福建百香果3号全部坐果。开花当天或前一天有明显降雨时，即使平均气温分别为29℃和27.9℃，最高气温达36.9℃和35.3℃时，坐果率仍然可以达60%以上，分析认为是花雌蕊柱头黏度好的原因，同时观察到高温季节花期有小雨或阵雨时坐果率大幅提升，中大雨及以上则坐果率显著降低，甚至出现无法坐果的现象，间接证实了空气相对湿度对提高坐果率的积极作用。树冠上部下部高度差1米、温度差5℃，阳光直射温度高3~5℃，因此在生产上种植户经常通过开花期间增加湿度、结果藤蔓下垂等方式提高夏季坐果率，同一品种同一果园垂帘式种植棚架成花率明显好于平棚式，6~7 月的坐果率可以提高 20% 以上，进入 8 月份随着气温降低，平顶式棚架坐果率大幅提升。

模拟试验还解释了福建百香果 1 号结果耐热性差的问题，福建百香果 1 号当天花期正好是当天的高温时期，且持续时间 5 个小时以上，而福建百香果 3 号，中午 1 点前后开始开花，每日盛花后是气温开始下降的时候，高温持续时间在 2~3 小时，福建百香果 1 号高温结果障碍比较明显，应该是与其上午开花，当日花期与高温时间长有较大关系。

2. 百香果栽培的土肥水条件

在多年生种植模式下，百香果适宜的年降雨量是 1000~2000 毫米，超过 2000 毫米时则主根生长不良，特别是在土壤比较黏重的地方，易造成烂根死亡。百香果栽培以土层深厚、疏松、透气透水性良好的微酸性沙壤土为好。

（1）水分条件对百香果生长的影响

百香果作为浅根性果树速生快长，在进行生产栽培时忌涝怕旱，尤其根系对肥水很敏感，短期内土壤含水量和肥分浓度太高很容易出现根系损伤，进而影响生长。百香果生产上对肥水管理要求比较严格，良好的肥水管理技术措施和土壤立地条件已成为获得好的种植收益的必备条件。就目前国内各产区，种植百香果不成功的原因，70% 以上是与缺水或水太多有关，而且主要是缺水。就水分管理而言，要控制根系和地表湿度避免增加病害发生，花芽分化期干湿交替促进成花，成花坐果及膨果期增加水分供给，维持土壤田间含水量达 60% 左右，雨后及时排涝降湿，干旱季节及时补水促长。2020 年华安基地 6 月 10 日至 8 月 10 日高温少雨，35℃以上高温日数达 46 天，最高气温 39.7℃，连续 62 天降雨量仅 170.4 毫米，气象干旱最严重时段为 7 月下旬，百香果枝梢生长、开花坐果率受到严重影响，大部分果实褶皱及脱落，成熟后小果率高、皮厚、果浆少。除了水分供应问题，果园湿度也是百香果生产时需要重点关注的水分条件，花期下雨不利坐果，日平均相对湿度与二级蔓成花坐果性状呈负相关，“百香果高温结果障碍”人工气候室的高温坐果情况的模拟试验显示，空气相对湿度对百香果的坐果影响比较大，在高温条件下增加空气相对湿度对提高坐果率极为有利。

（2）土壤连作对百香果的影响

土壤疏松透气是百香果生长的必要条件，也只有良好的土壤才能实现高效的

肥水管理，除了对果园的土壤质地要求充分重视，果园土壤的连作障碍问题也不可忽视。根据多年的百香果连作果园的调查，同一片地种植3年以上百香果会有连作障碍的表现，主要表现为产量下降、树体不长或长势不旺、病虫害发生加剧。福建百香果产区调查发现，栽种多年的百香果植株，结果后第2~3年生长结果表现渐差，且易感病毒病和茎基腐病。在百香果园地连作，即使一年生植株的生长结果也受到很大影响，远不如在新植园的百香果植株的生长结果。不同连作年限的台农1号百香果叶片和果实表型特征调查表明，随着土地连作年限或苗木种植年限的增加，台农1号百香果叶片和果实染病率显著升高，平均单株结果量、果实大小等数量特征下降。重茬连作的情况下会出现植株叶片和果实感病率随着连作年限的增加而显著升高，而植株单株结果量、果实纵横径及平均单果重等随之降低，果苗的生长抑制，并且随着连作年限的增加，抑制效果逐渐增加。

目前关于作物产生连作障碍的原因，主要观点有3种：土壤理化性状和结构破坏，导致肥力下降和盐泽化、酸化，或者某些养分的缺失；根系分泌物和残渣等的存在和积累对其自身的毒害（自毒作用）；根际正常微生物群落结构发生变化，病原微生物及线虫等有害生物增加，破坏根系正常生理活动。百香果连作地土壤理化性质、微生物特性及病原真菌的相关研究表明，随着百香果连作年限的增加，土壤细菌与放线菌数量呈显著下降趋势，而真菌数量呈显著上升趋势，但对百香果连作后土壤细菌群落结构及其多样性如何变化并未开展。细菌群落结构的相似距离并未随着连作年限的增加而增加，而是和细菌多样性指数的变化趋势较为相似，即呈现细菌群落相似距离随连作年限的增加呈先增加后降低的趋势，其中撂荒地细菌群落与连作第3年的细菌群落相似距离最大。百香果连作显著影响了土壤细菌群落结构和多样性，土壤细菌的丰富度和多样性随连作年限的增加表现为先增加后降低；变形菌门、酸杆菌门和放线菌门是百香果种植土壤中的主要优势菌门，连作对放线菌门影响不显著，绿弯菌门和厚壁菌门相对丰度随连作年限的增加显著升高。百香果连作对土壤细菌群落结构有显著影响。相比新植园，3年连作园根际土壤细菌群落多样性显著降低，细菌群落丰富度与真菌群落丰富度、多样性增加。根际土壤微生物群落组成发生了较大变化，在门分类水平上，3年连作园根际土壤中变形菌门和厚壁菌门相对丰度分别增加，放线菌门减少、子囊菌门减少、毛霉门增加。在属分类水平上，3年连作园根际土壤中γ–变形菌纲中未分类属、黄单胞杆菌科未分类属相对丰度显著增加，酸杆菌门相对丰度显著降低；子囊菌属、孢子丝菌属、粪壳菌属相对丰度减少，小被孢霉、镰刀菌属两个病原菌属相对丰度增加。说明连作改变了百香果根际土壤微生物群落结构，细菌多样性降低，真菌多样性升高，病原菌相对丰度增加，土壤由细菌型向真菌型转化。连作果园土壤真菌群落结构研究发现，土壤中真菌群落的丰富度指数和多样性指数随百香果连作年限的增加呈上升趋势；属水平上土壤真菌的显著变化可能是造成百香果连作障碍的原因之一；土壤全氮、有机质含量及pH是影响土壤真菌群落结构组成的最主要因素。百香果宿根连作根际土壤真菌群落变化的研究发现，宿根连作百香果根际土壤真菌群落结构有一定差异，随着百香果宿根年限增加，柱孢属和炭疽菌属的相对丰度呈上升趋势；与之相反，被孢霉属、木霉菌属和小不整球壳属随宿根年限增加而下降。其中，与有益真菌相关的被孢霉属相对丰度随宿根年限增加而减少，而柱孢属和炭疽菌属的相对丰度随之增加了。就此认为，百香果连作障碍可能是由根际土壤生态系失衡导致。不同年限连作果园土壤细菌群落结构研究表明，变形菌门、酸杆菌门和放线菌门是主要的优势菌门，细菌群落的丰富度和多样性指数随连作年限的增加表现为先增加后降低，百香果连作对土壤细菌群落结构有显著影响，其中绿弯菌门、厚壁菌门和芽孢杆菌属的相对丰度随连作年限的增加而显著升高。

据福建、广西、海南等产区的几十个连作果园地理位置信息、果园气候条件、土壤类型、果园立地条件、种植年限、种植方式、棚架类型、树龄、品种、种苗类型、种苗来源、残株清理方式、定植前土壤消毒情况、有机肥和追肥情况、病虫害防治情况、管理方式、专业户连作障碍描述等系统调查分析，发现百香果连作障碍的原因更主要是以下几点：百香果速生快长，大量消耗土壤肥力，导致树体营养供应不足；清园不到位，上一年的病虫果、叶等清理不到位或全园消毒力度不够，成为次年的病虫害主要传染源；种苗质量不好，叠加土壤肥力不足，导致植株长势弱，自身抗性下降；土壤根际微生物群落、根域环境的改变也在一定程度上影响了根系肥水吸收。因此，土壤肥力下降、根域环境恶化酸化是百香果产生连作障碍的主要原因，在一年一植种植模式下，如果种植前底肥充足、进行了土壤石灰消毒、种苗健壮根系发达、有进行地上部和地下主要根系清理，连续种植百香果5~6年的同一地块并没有表现出明显的连作障碍，尤其是底肥有机肥施足的果园，产量、品质表现很稳定。由此可见，克服百香果连作障碍问题，可采用一年

一植种植模式，选用健康优质种苗，下足底肥（有机肥），加强肥水管理，做好土壤生石灰消毒，并根据土壤酸碱度调节用量，避免酸化；做好土壤残株清理，除了地上部植株清理，还要重视地下部根系残余清理，进行病虫害消杀等技术措施。限制根域栽培是解决连作障碍问题的有效技术，结合生产实际采用植树袋、高畦起垄的方式进行百香果限制根域栽培试验，然后对百香果生长、产量、品质、根域土壤主要营养元素变化等进行了比较研究，植树袋直径 × 高为 65 厘米 ×45 厘米就可以满足百香果生长要求，限制根域栽培对百香果果实品质更有利，但差异未达显著水平，同时有机质含量下降更明显、pH 波动较小、土壤营养水平比较稳定，只是采用植树袋等限制根域栽培增加了生产操作难度，在同等种植密度情况下会明显增加种植成本约 1100 元 / 亩，在生产实际上没法进行大面积推广应用。而采用畦面宽 100~120 厘米、畦高 30~50 厘米、畦间沟宽 30 厘米的高畦起垄限域栽培方式既能实现限根要求，生产成本增加又有限，比较有可行性，目前百香果生产上也已经在推广应用，果农接受程度比较高，具有可操作性。

（3）土壤肥力对百香果的影响

百香果是浅根性植物，肉质根，根系广泛分布于 5~40 厘米的土层中，生长量大，周年都在开花结果，对磷肥、钾肥的需求量较大，在生产中多施磷钾肥才能获得高产和好的经济效益；但也有认为百香果对氮、钾元营养元素需求大，而磷、钙、镁需求量较少。由此可见，百香果对钾需求量较高，属高需肥果树是共识，生产上提倡 N ∶ P ∶ K=2 ∶ 1 ∶ 4，每株百香果每年氮施用量 250~300 克，磷施用量 100~150 克，钾施用量 600~800 克。施肥应以有机肥为主，配合复合肥，结合微量元素肥，定植完大量开花前的生长初期要注意氮肥施用量，避免营养生长太旺影响花芽分化。不同施肥处理百香果土壤—植株 K 含量在不同生育时期未表现出显著性差异，但 N、P 含量则差异显著，随着施肥量的增加，不同生育时期土壤—植株 N、P 含量呈增长趋势，土壤—植株 N、P 含量表现出生长期＞结果期＞越冬期，每株施用 200 克复合肥，土壤—植株不同器官养分含量最高，效果最佳。氮磷钾肥、氮磷钾与有机肥配施、高量氮磷钾与高量有机肥配施处理百香果生长最快，尤其在定植 66 天后效果最明显。有机肥、氮磷钾肥、氮磷钾与有机肥配施、高量氮磷钾与高量有机肥配施处理均提高了百香果产量及品质，其中氮磷钾与有机肥配施、高量氮磷钾与高量有机肥配施处理效果最明显。

（二）百香果栽培棚架

百香果作为藤本果树，种植棚架对它的生长结果有较大的影响。目前生产上栽培棚架主要采用平顶式，篱笆式棚架也流行过一阵，近年则采用垂帘式（又叫窗帘式）棚架的慢慢多了起来，这3种棚架栽培各有优缺点。平顶式棚架上棚前期生长量大，气候适宜的情况下坐果率高，但上棚完修剪操作难以进行，在夏季高温结果少的情况下，生长量更大，容易造成下半年棚架郁闭，影响成花坐果及果实品质，降低果的商品性，同时平顶式棚架栽培降低了病虫害防治、果实采摘等农事操作效率。篱笆式棚架，修剪量大，田间可操作性差，产量不稳定，已经较少采用。垂帘式棚架前期生长量略小、修剪用工量较大，要及时进行修剪才能达到较好的效果，不过垂帘式修剪对管理人员的技术要求不高，可操作性强，也便于农事操作，产量比较稳定，特别是对提高高温季节的坐果率非常有效，果实品质好，果的商品性大幅提高，尤其是大果比例提升明显，在目前一年一植的背景下，垂帘式棚架降低了百香果种植难度、便于管理，成为近年接受度较高的一种栽培棚架。

选择不同栽培棚架对百香果果实产量、品质及管理均有不同程度的影响。单壁篱笆式栽培可使植株的有效绿叶层增厚、通风受光合理，进而提高产量和品质。直立篱笆式或A形架种植百香果可以降低种植成本，种植效果好。采用门字架种植可以提高产量和单果重。Y形架栽培的果皮厚度较其他架式高，V形架栽培的可食率最高，A形架的种子数明显较少，双层架和篱壁架的产量显著高于其他架式栽培，产量排序为双层架＞篱壁架＞T形架＞V形架＞Y形架＞棚架＞A形架。双层架架面有两层，单株枝条较多，结果量大，产量均明显高于单层架，但不同架式百香果的横径、纵径、果形指数、单果重、果皮厚度、可食率均未表现出显著差异。单层架果实与光照的接触面大，有利于氨基酸的合成，篱壁式单层架光照充足，有利于果实的着色及营养物质的积累，是百香果种植过程中最佳的搭架方式。平棚垂帘式搭架遮阴严重，透光性差。垂帘式棚架，利于花芽分化、授粉坐果、果实膨大成熟，利于修剪整枝、定向挂果、增加栽培密度、提高单面积产量，利于通风透光，减少病害发生。

（三）与种植相关的生物学特性

对百香果生物学特性必须有较好的了解，才能有针对性地总结提炼出有效的种植技术，做到有的放矢。特别是在一年一植的大背景下，对种植技术提出了更高的要求，要充分掌握百香果生长发育特性、开花结果特性。

1. 生长发育特性

百香果在热带地区周年都能茂盛生长，没有明显的休眠期，但在亚热地区栽培则有短暂的假休眠期，一般在冬季12月下旬至翌年1月下旬，表现为植株叶片发黄，蔓几乎不生长，生长势弱的株可能部分落叶，不成花也不开花。紫果百香果新的芽一般于1月下旬就开始萌动，而黄果百香果对温度的要求较高，因此芽萌动较迟，一般要2月下旬开始，在福建省生长最旺季节是在4~9月，每月可不断抽梢，抽生侧蔓数量和生长量也最大，如果不进行控制，当年生长量一般可达3米，最长可达4~5米。据观察，种植前期紫果百香果的生长量远远大于黄果百香果，黄果百香果生长量要中后期才赶得上紫果百香果。

百香果在适宜的温湿度和肥水充足的环境下生长迅速，实生苗生长8片叶开始长卷须，从种子播种到开花结果一般需要12~15个月，童期较长。扦插苗或嫁接苗定植完只需2个月左右即能开花结果。

2. 开花结果特性

百香果在热带冬季温暖地区，春季、秋季和冬季均能正常开花结果，但在高温的夏季只开花不结果，在福建省则每年主要开花结果有2个时期：4月下旬至6月上旬和8月下旬至10月中旬开花，6月下旬至8月下旬和9~12月果实采收。

百香果结果的母蔓主要是上棚后抽生的枝蔓，花着生于新蔓的叶腋，花单生，从基部抽生3~4片叶以后的叶基部可连续着生花序，有的品种有交替结果习性，即蔓的前端开花结果后，蔓中部有一段不成花或开的花不坐果现象，直到前面结的果实成熟后，后部开的花才结果，这是百香果的一种自我调节，但如果栽培管理好、肥水充足，交替结果现象不明显。

目前生产上种植的百香果基本上可以自花结实，只是由于花器结构特殊比较难以完成自花授粉（图 4–1），部分品种具有自交不亲和性（不捻性），靠自然花粉的结实率往往偏低，因此必须进行人工辅助授粉，才能获得较好的产量和品质。百香果当天的主要开花时段是：紫果型一般在 9：00~18：00，主要开花时间为 9：30~10：00，遇阴天或下雨会有一定的延迟开花现象；黄果型一般在 12：00~18：00，主要开花时间为 12：30~13：30，遇阴天或下雨相应延迟或当天不开花，有累积开花现象，在进行人工辅助授粉时必须掌握这个习性。

花的发育时间，不同月份、不同地点略有差异，福建百香果 1 号紫果类型在福建漳州 5~6 月 15 天、9~12 月 25 天，在福建三明 5~6 月 17 天、8~9 月为 15~20 天。果实发育时间福建漳州 5~6 月为 40~45 天、9~12 月为 55 天，在福建三明 5~6 月为 55 天、8~9 月为 55~70 天，果实迅速膨大期为花后 7 天。

福建百香果 3 号黄果类型花发育时间福建漳州 5~6 月为 25 天、9~12 月为 30 天，福建三明 5~6 月为 19 天、8~9 月为 16~22 天。果实发育福建漳州 5~6 月为 50~55 天、9~12 月为 55~65 天，福建三明 5~6 月为 65 天，8~9 月为 65~75 天，果实迅速膨大期为花后 14 天。

图 4–1　花器结构不利授粉

（四）百香果种植模式

百香果是多年生藤本果树，植株寿命约 20 年，经济寿命 8~10 年。但生产上

植株寿命一般只有 5~10 年（十几年以上的植株较少见），经济寿命 3~5 年，5 年以后植株逐渐衰老，产量和品质明显下降，树头出现木栓化龟裂，植株很容易死亡。而据近年的生产调查，百香果经济寿命很难超过 3 年，这期间还得没有冬季极端低温冻害等自然因素影响及生产管理技术措施不到位等人为因素的影响。目前，大田种植普遍第 2 年开始病虫害发生加重、防治难度加大，果实产量品质下降，生产投入明显增加，到了第 4 年植株就老化严重，难以产生经济效益。因此，传统上较多采用的 2 年生或 3 年生，甚至多年生种植模式逐渐被放弃，得益于种植技术改进优化和种植观念的更新，一年一植种植模式无论在果实品质、栽培管理，还是投入产出比等都优势更加明显，已成为生产上的主要种植模式。在一年一植种植模式下，针对百香果生产上的连作障碍问题，研发出了限制根域的种植模式，针对冬季低温冻害问题，则进行了设施大棚保护地种植模式的探索。

在百香果一年一植的前提下，一年一植种植模式也在针对不同地区、不同栽培环境条件及不同种植技术难点进行不断改进与创新。比如，在种苗定植时间上，海南等热带地区，有水源条件的前提下改传统的春季 2~3 月定植为 7~8 月定植，以更好地避开夏季高温；福建漳州冬季低温冻害轻的地区则采用 12 月至翌年 1 月定植，以提高前期生长量，达到提高上半年产量目的。在种苗上则采用 80 厘米以上大苗定植，特别是对有冬季低温冻害和有倒春寒地区，大苗定植是实现产量的最基本条件，一年一植大苗种植模式是目前被实践证明避开夏季高温结果障碍、冬季低温树体冻害的最有效办法。

1. 多年生种植模式

第 1 年春季种苗定植完，以后在每年冬季或次年春季萌芽前进行修剪，重新抽生结果枝蔓，不再定植新苗。这种栽培模式的优点是：不需要每年更换种苗，在目前采用高密度栽培的情况下，每年可以节省一部分种苗成本和劳动力投入，修剪完类似大苗定植，所以上半年产量比较有保证；缺点是容易出现连作障碍，清园不彻底时病虫害不容易控制，特别是病毒病、茎基基腐病容易连片暴发，果实品质和产量不稳定、低温冻害（图 4–2）的风险比较大。

2. 一年一植种植模式

当年种苗定植完，最后一批果实采收结束后进行全面清园，重新定植种苗。

图 4-2　百香果果园低温冻害

传统的一年一植小苗定植模式，主要缺点是种苗成本较高，定植当年上半年的产量比较低，下半年产量存在夏季高温结果障碍和秋冬季低温危害的风险；优点是树势比较健康，果品质量比较稳定，可以实现轮作，生产管理比较省心省力，不需要考虑防霜冻措施。

针对一年一植栽培模式的缺点，目前慢慢地形成了一年一植隔年轮畦大苗栽培模式，即根据百香果浅根特性，利用种植畦间深沟阻断百香果根系水平串畦生

长，通过种植畦每年轮换的方式栽培百香果，这种栽培模式较好地克服了百香果栽培连作障碍及上半年产量低的问题，而且各产区针对当地的气候特点，对种植时间进行了科学调整，较好地解决了目前生产上高温结果障碍和低温冻害问题。具体方法是采用宽畦深沟（畦宽 120~140 厘米，沟宽 50 厘米，沟深 30~40 厘米）整地，按每亩种植 90~110 株（平顶式棚架）、150~250 株（篱笆式棚架或垂帘型）的密度定植种苗，果实采收结束后，清除种植畦上的老植株和残根，下一个种植季换另一个种植畦重新定植种苗。

一年一植栽培模式的关键技术点是做好大苗培育工作，保证种苗定植时高度要达 80 厘米以上，因此种苗繁育到出圃规格时，要进行换大营养杯培育，对冬季温度较低的地区除了要进行防寒防冻处理，还要做好换杯苗的保温促长措施。大苗定植还可以降低有倒春寒地区的春季低温冻害风险，缩短种苗下地后的缓苗期。

3. 限制根域种植模式

百香果连作障碍明显，在目前进行大面积轮作种植可能性比较小的情况下，要实现持续丰产稳产，采用限制根域栽培模式则是解决连作障碍问题比较可行的种植方法，即在种植园内通过一定的物理处理，将百香果根系生长控制在一定体量的土壤中，限制根系生长空间。限制根域栽培可以减少大根数量，促进须根吸收根数量，提高肥水利用率，减少果园面源污染，可节省肥料 50% 以上、人工（施肥、除草等）30% 以上。其主要技术措施是以园林植物假植用的限根“围植排水板”，构建体积为 0.4~0.5 米^3（大约直径 100 厘米 × 高 50 厘米）的种植墩，容器形状可为圆柱体或长方体。种植墩土壤按 1 份有机肥（充分腐熟）配 5~6 份壤土的比例配置，同时通过每墩配 5 个滴灌头或 3 个迷雾喷头的方式补肥水。种植墩数量按每亩 80~110 个进行设置。种植行采用宽窄行设计，1 行窄 1 行宽，即每 2 行之间有一个较宽的行间，便于生产管理。限制根域栽培模式，目前采用比较多的是一年一植的限制根域轮地栽培模式，即在同一种植园内每年定植新苗，栽种时，将上一年的围墩板卸下，换一个位置或新土重新围墩种植（图 4–3）。

图 4-3 百香果限制根域种植

4. 保护地种植模式

对秋末至早春温度偏低的地区，其温度条件无法满足热带水果百香果的生长和果实发育的基本需求，因此进行设施大棚保护地栽培模式的探索具有重要意义。利用保护地大棚保温设施进行百香果生产，具有秋季延长果实发育期、冬季防冻和促进春季植株生长等作用，进而达到延长生产季和延长采收期的目的，是低温产区百香果丰产、提质、增效的关键措施之一。目前比较成熟的保护地栽培模式是一年一植限制根域轮地栽培和隔年轮畦换地大苗栽培（图 4-4）。

图 4-4 百香果保护地种植

5. 福建典型区域种植模式

福建地理气候具有丰富的多样性，闽东南大部分及其低海拔地区夏季高温，

但秋冬季和早春低温冻害不明显；海拔 300~500 米的区域及闽西北偏北地区夏季气候相对温和、高温时间短，但秋冬季低温来得早，早春和秋冬季冻害相对严重。夏季高温结果障碍和秋冬季低温冻害是百香果生产上主要限制因子，在福建省土地资源比较紧缺的前提下，百香果产业发展受到了极大的限制，因此如何充分利用福建地理气候的多样性，科学合理地避开不利地理气候条件来发展百香果栽培势在必行，特别是对闽西北立地条件好的中低海拔山地进行开发利用，对福建百香果产业具有重要意义。近几年的实践和观察也表明，低海拔地区夏季高温不结果，但秋冬季和早春低温冻害不明显，暖冬年份可留果至第 2 年春季采收；海拔 300~500 米的区域夏季气候相对温和可以正常结果，但秋冬季低温来得早，且早春和秋冬季冻害严重。据此，福建不同海拔地区栽培百香果，可以实行低海拔区域一年分成初夏和秋（冬）季两段产果为主、高海拔区域以夏季可以连续结果为主的两种栽培模式。

（1）低海拔分段产果种植模式

3 月中旬至 4 月上旬大苗定植，5 月至 6 月中旬开花，6~7 月产果；7 月中旬前适时进行修剪促花，8 月中下旬第二批果始花，10~12 月产果。这一模式也可应用在多年生栽培模式的百香果果园，即在当年 3 月上旬前完成头年植株回缩修剪，重新培养结果枝蔓，其他栽培管理技术措施参照一年一植种植模式进行。

（2）海拔 300 米以上连续产果种植模式

倒春寒过后大苗下地种植，倒春寒不严重的地区可以提早至 2 月下旬或 3 月上旬种苗下地，在发生低温霜冻时简单地进行生长点防护处理。为了提高产量，种植密度根据果园实际情况进行密植栽培（每亩栽 150~300 株）。这个栽培模式花期在 5~8 月，果实上市时间主要在 7~11 月，9 月中下旬之后开的花和坐的果全部疏除，以集中养分供应促进果实成熟。

（五）百香果标准化种植技术

1. 百香果果园建立

（1）果园选址

根据百香果生长所需的光温条件和土肥水条件，为便于百香果的生产管理，以提高生产效率、果实产量品质和生产效益为原则进行果园选址。应选择年平均温度20℃以上，年最低温度不低于5℃，全年日照时数≥1700小时，冬季无霜寒害，且开花期温度不能持续高于30℃、秋冬季最低温不低于-2℃或连续霜冻不超过2天，背风向阳的平地或缓坡地，远离污染源，水源充足，排灌方便，土层0.5米以上，地下水位≥70厘米，疏松透气、有机质含量高、土壤pH5.5~6.5，交通便捷的地方建园，以沙壤土最好，不宜选择前作是烟草、茄果类等的园地，其环境质量应符合GB 15618《土壤环境质量　农用地土壤污染风险管控标准》的规定。

（2）果园规划

修筑完备的蓄水池、排灌渠、沤肥池、作业道路及附属建筑物等设施。对台风和有风害的地区，应设置防护林带。主林带设在迎风方向的园地边或山坡分水岭上；副林带设在园中道路或排灌沟边沿。主林带应种4行以上，副林带种1~2行，株行距1.0米×2.0米。平地及坡度在5°以下的缓坡地，主林带采用长方形栽植；坡度在5°~25°的丘陵、山地，主林带宜采用等高梯田或环山行栽植。常用树种有木麻黄、台湾相思树等。

丘陵山坡地建园时按等高线定标厢面宽1.2~1.5米修梯田，做到“前有埂，后有沟”。种植密度按株行距3米×2米进行规划，以利果园保持水土和搭棚架等田间管理。建园时对土地进行平整，剔除种植穴的石块等杂物，山地红壤撒施石灰50~75千克/亩，按预定株行距挖宽50厘米、深40~50厘米的定植沟或长、宽、深各50厘米的定植穴，施足基肥。定植穴应在种植前3个月准备，以利有机肥充分腐熟。

（3）果园棚架建设

在充分考虑种植计划、果园立地条件、栽培管理水平、种植品种特性等条件下，采用平顶式棚架栽培的按行距3米、株距3~3.5米，篱笆式棚架栽培的行距1.8~2.0米、株距3.0~4.0米，垂帘式棚架株行距2.0米×2.5米或0.75~1.0米×3.0米安排种植密度，棚架高度在1.8~2.0米比较适宜，篱笆式棚架型和垂帘型种植畦行向选择东西走向。

在福建地区露地栽培百香果，都存在生长结果季偏短、果实发育时间不足的问题。为了提高上半年产量，可进行适当密植栽培，每亩种植150~300株（海拔高的区域可密些），通过增加单位土地的枝梢营养面积的方式，促进前期生长，在高温酷暑之前多结果，提高产量。

（4）种苗选择与定植

①种苗选择。应选品种纯正，具有典型园艺性状，枝条健壮，木质化程度高，枝叶健全，叶色浓绿，无检疫性病虫害，无明显机械损伤的。生产上种苗有嫁接苗、扦插苗和实生苗 3 种类型（图 4–5），提倡用嫁接苗种植。嫁接苗宜选择嫁接口以上高度≥ 30 厘米、粗度≥ 0.5 厘米、嫁接口愈合良好的种苗。扦插苗宜选择插穗萌发芽高度≥ 20 厘米、茎粗≥ 0.3 厘米、芽口饱满的种苗。

图 4–5　嫁接苗根系好

②大苗培育。传统种植方式以小苗居多，在福建地理气候条件下往往带来缓苗期长、种植成活率低、第一茬果产量低等一系列问题。近年的实践证明，通过小苗换营养杯，在保护地培育高度 80 厘米以上大苗下地定植有效地克服了小苗下地定植的诸多缺点，已成为产业高效、可持续发展的必备技术，具体技术措施如下：

根据定植地的气候、茬口、种苗大小等因素，以培育大苗高度 80 厘米以上（70~90 天）为标准，对小苗进行换营养杯（规格底径 16~20 厘米）培育，营养土配方可按壤土 60%（就地取材）、腐熟有机肥 30%、泥炭土或草炭土 5%、钙镁磷肥 5% 进行配置，根据土壤肥力质地进行适当调整。

换完大营养杯后要浇透定根水，日常管理要根据营养土干湿情况补充水分，在低温期间要注意保护地保温以促进生长，还应根据苗的长势适时进行根系和叶面追肥，在大苗培育期间尤其要注意光照问题，避免因光照不足造成主蔓节间拉长、粗度变细。

③定植。无低温冻害、有灌溉条件的地方周年均可种植，一年一植的提倡在

春季倒春寒过后再下地种植，具体定植时间主要根据种植地气候条件进行安排。定植穴回土时，应优先回填表土，基肥与回填土应拌匀，种植深度以嫁接口下方3.0~5.0厘米根颈处为宜，扦插苗种植位置为插穗萌芽下方3.0~5.0厘米处，成龟背状。栽植后，浇足定根水，保持根系周围土壤湿润至成活，定植15天后检查成活情况并及时进行缺株补植。

2. 百香果的栽培管理

（1）土肥水管理

百香果为浅根性植物，主根不明显，水平根分布可达4~5米，垂直根分布在5~40厘米的土层中，既怕旱又怕涝，对土肥水管理要求都比较严格。既要有便利的灌溉条件保证水分充足供应，也应可以及时排水降低果园湿度。

①水分管理。主要是做到旱能灌、涝能排，尤其雨季注意避免果园积水，保证土壤湿润又不会太湿引起主根腐烂。湿度大，容易引起病害，如茎基腐病等。幼苗上架后干湿交替有利花芽分化，成花坐果后需水量较大，土壤田间含水量应达60%以上。对水分管理，有水肥一体化设施，采用地表微喷补水效果比较好（图4–6），生产上在干旱时引灌跑马水，然后沟中留5厘米高水位对百香果生长非常有利（图4–7），但跑马水一定不能漫过种植畦面，而且沟中留水时间不能太长，土壤湿润后要及时排水。灌溉用水要符合GB 5084《农田灌溉水质标准》要求。

图4–6 滴灌补水

②肥料管理。百香果生长量大，周年都在开花结果，属比较需肥果树，且属高需钾作物，因此施肥应以有机肥为主，配合复合肥，结合微量元素肥；以土施为主，叶面追肥为辅。土壤施肥可采用环状沟施、条沟施、穴施、滴灌等方法。生产上N ∶ P ∶ K=2 ∶ 1 ∶ 4。

图 4-7　沟中留浅水

首先要施足基肥，定植前2~3 个月，按预定种植的行株距，挖宽 60 厘米、深 20~30 厘米的定植沟，先放入腐熟羊粪等有机肥或土杂肥 20~30 千克，同时每株施入 0.25 千克钙镁磷肥、0.25 千克复合肥。或以腐熟羊粪、生物有机肥基肥 1200~1500 千克 / 亩，同时施入钙镁磷肥 15~20 千克 / 亩、复合肥（N ∶ P ∶ K=15 ∶ 15 ∶ 15）15~20 千克 / 亩方式施入底肥，与土混匀后做基肥。或者亩施入草菇菌菇土或稻谷谷壳垫料 2 吨（增加土壤通透性）+ 商品有机肥 1.0~1.5 吨，同时配施复合肥 15~20 千克、钙镁磷 15~20 千克。

其次，要根据生产情况及时追肥。

定植成活后注意提苗肥，以简单快捷的高氮型复合肥为主，定植后 5~7 天即可开始，根据长势情况 20~30 天 / 次，用量每次施 30~50 千克 / 亩，适当增加水肥促进生长提早上架，同时 10 天左右可以浇施淋施一次高氮型水溶肥，并添加氨基酸黄腐酸肥，促进根系生长。

上棚后及时追施一次肥，但二级蔓萌芽期及大量开花前严格控制氮肥使用，追施肥以磷酸二氢钾或黄腐酸钾肥为主，促进花芽分化。在花前花后（隔 30~40 天）喷 1~2 次 0.5%~0.8% 硼肥，以利开花坐果，同时应根据长势、结合病虫害进行叶面追肥。

重点施好壮果肥，果坐稳后 12~15 天施一次含钾复合肥，用量 12.5 千克 / 亩，同时结合病虫害防治土施硼肥 5 千克 / 亩或喷施 2% 的硼砂。

果实采收完也要及时追施壮果肥，施肥量结合花前追肥，及开花结果和植株

生长实际情况增减用肥量。从施肥效果和劳动力的投入看，追肥的效果总体不如施足基肥效果好，因此肥料管理重点要放在施基肥上。

③土壤管理。对新建园土壤要做好地下害虫灭杀及土壤消毒，特别是前作是茄果类等旱作地的果园，要进行全园土壤消毒处理，尤其要做好病毒病的消毒工作，消毒用药要符合 GB 4285《农药安全使用标准》、GB/T 8321《农药合理使用准则》的使用标准。

对连作果园清园之后全园撒施生石灰或壳灰 50~100 千克，有机肥施入后全园翻耕、晒土、整畦，种植前 15~20 天进行畦面土壤杀菌杀虫处理，并做好 pH 的监测。

苗定植完要及时进行中耕除草及松土保墒，果园积水要及时排除，果园杂草禁用除草剂，可采取计划翻耕的方法筛选果园优势、良性杂草，有条件的建议种植行铺设防草布，非种植行割草机环割除草，防草布的材质一定要能透气透水，同时经常检查防草布下的土壤干湿情况，上棚后逐步去除防草布。

（2）树体管理

百香果树体管理的主要内容是进行整形修剪，生产上主要采用平顶式棚架栽培（图 4–8），部分山坡地则采用篱笆式棚架型栽培（图 4–9），近年则有开始采用单篱笆式棚架垂帘型（窗帘式）栽培。根据百香果的枝蔓生长情况，适时进行整形修剪是获得产量、改良品质、减轻病虫害发生、节省生产成本最有效的技术措施，要高度重视百香果的整形修剪问题，同时要注意百香果不能过度修剪，否则除了会降低产量、主枝枯萎，严重时还会整株死亡。百香果整形修建的主要原则是：充分利用棚架空间、及时修剪去除多余的枝蔓、保持树体通风透光、便于农事操作。根据田间种植的实际情况，可对种植畦上的植株和种植畦四周的植株分开整形修剪，充分提高前期生长速度，提高空间利用率。这 3 种棚架类型整形修剪的主要技术如下：

①平顶式棚架。幼苗定植成活后，留 1 条主蔓上架，主蔓长到 30~40 厘米时要进行绑蔓，并插一根小竹枝进行引蔓上棚。为了让养分集中供给主蔓生长，促使主蔓粗壮及早上架，应及时抹除主蔓上的腋芽和卷须，上架前主蔓上出现的花序也一并摘除，主蔓距离棚架 20 厘米左右时打顶促分枝。

种植畦上的植株整形，主蔓上架后要及时摘心促分枝，每株主蔓选留 2 条一级蔓沿与种植畦垂直方向延伸（双向“一”字形），一级蔓生长到相邻行的交接

处时摘心限制继续生长，从一级蔓萌发的侧蔓中培养 10~12 条二级蔓，二级蔓生长到邻近植株时摘心限制继续生长，一级蔓同一方向萌发的二级蔓沿一级蔓两侧交叉分布到棚架上，每个二级蔓萌发位置只保留一个二级蔓生长，7 月中旬前多余的全部抹除。

7 月中旬后从二级蔓基部或二级蔓在一级蔓萌发位置中重新选留 1~2 个侧蔓进行新的结果枝蔓培养，新的结果枝蔓生长到邻近植株的枝蔓时不再进行摘心控制，可沿棚架下垂增加立体结果，第一批果实采收完及时对第一批结果的二级蔓沿基部去除。一级蔓和二级蔓萌发的花序全部保留作为主要结果花序。

种植畦最外围的植株，有生长空间的参照种植畦上植株进行整形，没有生长空间的进行单向“一”字形整蔓，即沿与种植行垂直方向往邻近种植行引蔓，其余操作参照种植畦上的植株整形进行。

图 4-8　百香果平顶式棚架种植

②篱笆式棚架。种植畦上的植株整形，主蔓引导直立生长，新梢长至篱架顶部时，摘心限制继续生长，同时以主蔓为中心两侧离地 50 厘米开始（第一层）各选留 8~10 个健壮新梢沿篱架斜向上或水平生长，培养成一级蔓，一级蔓生长到邻近植株时摘心限制继续生长，每个一级蔓萌发位置只保留 1 个一级蔓生长，7 月中旬前多余的全部抹除。种植畦上的植株整形，也可主蔓引导直立生长至篱架顶时，摘心后拉至离地 50 厘米处放平，然后从萌发的新蔓中选留 10~15 个一级蔓沿篱架向上生长。当一级蔓生长至篱架顶部时，摘心限制继续生长。每个一级蔓萌发位置只保留 1 个一级蔓生长，7 月中旬前萌发的多余枝蔓要及时去除。

7 月中旬前后从一级蔓基部或一级蔓在主蔓萌发位置中重新选留 1~2 个侧蔓进行新的结果枝蔓培养，当篱架面布满枝蔓时，可将新抽枝蔓垂悬，不再控制生长，以增加结果量。一级蔓和主蔓萌发的花序全部保留作为主要结果花序。第一批果实采收完要及时对第一批结果的一级蔓沿基部去除。

种植畦最外围植株有生长空间的参照双向整形进行整蔓，没有生长空间的，当主蔓引导直立生长至篱架顶部时摘心限制生长，从主蔓中选留 10~15 个一级蔓沿篱架往种植畦方向（单向整蔓）生长，当生长到邻近植株交叉部位时摘心限制生长，7 月中旬前萌发的多余枝蔓全部去除。

7 月中旬前后从一级蔓基部或一级蔓在主蔓萌发位置中重新选留 1~2 个侧蔓进行新的结果枝蔓培养，当篱架面布满枝蔓时，可将新抽枝蔓垂悬，不再控制生长，增加结果量，第一批果实采收完及时对第一批结果的一级蔓沿基部去除。

图 4-9　百香果篱笆式棚架种植

③垂帘式棚架。单篱笆式棚架垂帘型栽培是传统篱笆式棚架型栽培的改进型（图 4–10），其整形修剪主要技术是引导主蔓直立生长至篱架顶部，然后引导主蔓（作为篱架上一级蔓）沿篱架方向生长，或摘心促发新蔓形成 2 个一级蔓沿篱架方向生长，一级蔓生长至邻近植株时打顶限制生长，一级蔓抽生的二级蔓沿篱架平面下垂形成主要结果蔓，每个二级蔓留 3~5 个果打顶控制继续生长。7 月中旬前，每个二级蔓着生位置只留 1 个二级蔓，多余枝蔓（包括二级蔓上萌发的三级蔓）要及时去除，7 月中旬后从二级蔓基部重新培养新的二级蔓作为下半年结果的枝蔓，上半年结果的二级蔓果实采收后及时从基部去除。对主要结果的二级蔓，在 60~80 厘米内没有坐果或花序的枝条要及时从基部留 2~3 个叶节剪除，重新抽发新的结果蔓。

图 4–10　百香果垂帘式棚架种植

④平顶式棚架改垂帘式棚架。对于原有平顶式棚架改进为垂帘式棚架高密栽培，其树体管理技术是定植时按株距0.75~1.0米、行距3.0米隔畦种植，即每两根棚架立柱间种3~4株。定植完引蔓上棚时将每畦第一株引至主线，第二株引至主线左边的副线，第三株引至主线右边的副线，第四株再引至主线，第五和第六株参照第二和第三株，以此类推。在主蔓生长至距棚架顶部约20厘米时，进行打顶，以促发一级蔓，选留2个健壮侧芽作为一级蔓，引导上棚架线（主线或副线），并沿棚架线平行反方向进行绑蔓，固定生长方向。在一级蔓分别长至1.5米时，进行打顶，控制生长量。其余管理参照垂帘式棚架进行。

⑤多主蔓平顶式棚架。80厘米以上大苗下地定植缓慢后，主蔓回缩至20~30厘米，从主蔓侧芽萌发形成的侧蔓中，估计种苗长势和生长空间选留2~4个不等的侧蔓培育为主蔓，引导上棚，主蔓上的果全部保留作为第一茬果，主蔓上棚后根据棚架空间情况留1~2个作为一级蔓培养，其余主蔓果实采收完，从其着生位置去除，上棚后的树体管理技术参照平顶式棚架进行（图4–11）。

图4–11　百香果多主蔓架下结果

（3）花果管理

①疏花疏果。上架前主蔓上出现的花序、卷须全部摘除，以保证植株的前期生长。上棚（架）后及时疏除畸形花、果及病虫果。

为了保证果实品质和提高优质商品果的比例，应根据开花结果情况，及时疏除多余果实，留果量按平顶式棚架栽培每个一级蔓留 10~12 粒果、二级蔓留 8~10 粒果，篱笆式棚架主蔓所结果实全部预留、每个一级蔓留 10~12 粒果，垂帘式棚架主蔓果实全部选留，二级蔓选留 3~5 个果实。对于没有严格进行整形修剪的果园，应该根据开花结果情况进行疏果，以提高果实商品性，生产上比较常用的疏果方法是隔一个叶留一个果。

②去除多余叶片。百香果藤蔓生长量大，叶片也比较大，整形修剪技术实施不到位更容易造成郁闭（图 4–12），对果实着色、品质和成花带来影响，平顶式棚架栽培尤为明显，所以生产上经常要根据郁闭情况去除多余叶片，去叶量以光可以透过棚架为准（图 4–13）。

图 4–12　修剪技术不到位导致果园郁闭

③人工辅助授粉。百香果花器结构特殊，雌蕊 3 支，柱头在上部，雄蕊在下部，花丝短小，少于花柱长度的一半，花药扁平、较大、向下覆盖，这种花型结构，使得百香果自然授粉率较低，即使能够授粉，也常常因为不能将 3 个柱头均匀授粉，造成果实畸形或果实内容物偏少。此外，百香果开花只有 1 天时间，从 9：00 至 16：00，开花时间较短，不利于百香果的自然授粉，因此为了获得较好的产量，同时提高果实商品率，应对百香果进行人工辅助授粉，特别是保护地种植时，花粉传播媒介较少，更应进行人工辅助授粉。

图 4-13　果园摘叶处理

百香果每天开花后就应及时进行人工授粉，授粉方法是用毛笔将花粉从花药上刷下来，然后均匀抹到雌蕊的 3 个柱头上，以异花授粉为佳。

（4）采收与贮藏

①果实采收。百香果在开花授粉后 60~80 天即可成熟，果皮完成转色并稍有香味，表现出品种典型特征时表示果实成熟了，此时即可根据采后运输等情况，安排适期采收。

果实采收应轻拿轻放并用采果剪，在靠近果肩的位置剪下果实，并尽量不在果实上留下果柄以免划伤果实，影响果实商品性和耐储性。

采用完熟采摘的果园，可以在棚架下方拉网接住自然脱落的果实，未拉网保护掉在地里的果实，拾获间隔不能超过 3 天。

②果实贮藏。采后剔除病虫果、畸形果等次级果，达到要求的果实按标准进行分级，分级后根据销售要求进行包装，未及时投放市场的果实应放置在 12~15℃下阴凉、干燥的地方贮藏保存，果实不能直接落地保存，果实贮藏过程应避免风吹造成果实表皮发皱影响商品性。

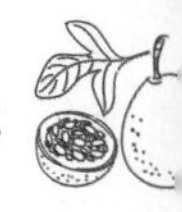

（六）福建省典型区域一年一植种植技术

福建省百香果成规模种植有一定的历史，几经起落。从百香果自身特性来说，福建不是百香果种植的最适宜区，但近年的种植实践证明，只要对种植管理技术和气候特点，特别是对福建特殊的地理位置、海拔等条件把控得好，百香果种植就可成为福建水果产业中非常重要的一项，可在乡村振兴中发挥重要的作用。

1. 典型区域划分

经过对福建百香果种植产区比较全面的调查，受福建省地理气候特点影响，福建百香果形成了一些典型种植区域：海拔 500 米以上高海拔区域、300~500 米中海拔区域、300 米以下低海拔区域。根据目前的调查，这些区域的生产情况如下：

（1）高海拔产区

海拔 500 米以上高海拔区域，产量比较稳定而且高产（亩产 1250 千克以上），比较典型的代表性产区有上杭蛟洋、永定虎岗灌洋。这个区域的气候特点是春季回温慢，有倒春寒风险，秋冬季降温快，低温时间长，低温冻害风险大，但这个区域夏季高温时间短，极端高温相对较低，空气相对湿度大，主要采收季节 7~9 月，10~11 月果实受低温影响比较大。

（2）中高海拔产区

海拔 300~500 米中海拔区域，总体产量较高，但相对不稳定，年份间差异较大，比较具代表性的是武平象洞、三明岩前、尤溪中仙、平和、华安、云霄等福建百香果 3 号的产区。这个区域的气候特点是春季倒春寒、夏季高温、秋冬季降温都有不确定性，低温冻害风险比高海拔区域轻、可控，夏季高温结果障碍有一定的影响。如 2020 年特别明显，高温来得早，导致产量比往年下降明显，如武平象洞 7 月份能少量坐果，统计福建百香果 3 号黄果结果约 60 个 / 株，同时期武平城关附近无法坐果，预计当年产量仅突破 1000 千克（2019 年达 1800 千克）。主要采收季节 6~10 月，中间会有时间长短不一的空档期，11 月份果实受低温影响存在不确定性，品质下降，有时无法正常采收。

（3）低海拔产区

海拔 300 米以下低海拔区域是受高温影响比较明显的产区，也是福建省比较大的产区，比较有代表性的是漳州天宝、平和五寨等热量条件好的福建百香果 3

号产区。这个区域气候特点是春季回温快，夏季高温来得早，高温结果障碍明显，冬季基本没有低温冻害，极端最低温温度较高，即使有低温持续时间也短。果实采收季节在 5 月下旬至 8 月上旬，以及 9 月下旬至 12 月下旬。管理到位的果园产量目前可达 1000 千克以上，但这些区域大多修剪跟不上，下半年郁闭严重，特别是高温前没坐住果的果园，6 月下旬至 8 月上旬基本都是旺长藤蔓，因此主要优势体现在上半年第一茬果，产量在 400~750 千克，下半年产量受栽培管理水平影响比较大，果品质量有不确定性。

2. 一年一植种植配套技术

对福建典型区域种植成功果园的分析调查，结合相关品种的生物学特征特性观察，以《百香果（西番莲）栽培技术规范》为基础，根据生产省力化、技术可操作的原则，形成福建百香果一年一植配套技术。

（1）高海拔产区一年一植种植配套技术

①种植时间。3 月中下旬至 4 月上旬种苗下地定植，种苗高度 30 厘米以上（生长量小的品种种苗 80 厘米以上），种植密度 150~200 株 / 亩，种植 80 厘米以上换杯大苗，密度降为 100~120 株 / 亩。

②种苗类型。建议选择福建百香果 1 号、福建百香果 3 号（蜂蜜味、梅州黄果）易成花、大果型品种。用嫁接苗、扦插苗根系要好，种苗健壮，没有病毒病等病害，接穗（或插穗）来源于育苗专用的采穗圃。

③种植棚架。根据立地条件和种植习惯，生长量比较大的类似福建百香果 1 号、福建百香果 3 号（蜂蜜味、梅州黄果）品种采用垂帘式棚架，类似福建百香果 3 号芭乐味前期生长量小的品种采用平顶式棚架。

④种植方式。采用高畦起垄种植（图 4–14），畦面宽 1.2 米，高 40~50 厘米，畦间沟宽 50 厘米，种植株行距 1.0~1.5 米 ×3.0 米。有条件的实行隔年轮畦种植。

⑤土肥水管理。主要参照“（五）百香果标准化种植技术”进行。

⑥树体管理。主要参照“（五）百香果标准化种植技术”进行。

（2）低海拔产区一年一植种植配套技术

①种植时间。1 月上旬至 2 月中旬前种植，种苗高度 30 厘米以上。2 月下旬至 3 月中旬种植，种苗要采用 80 厘米以上换杯大苗，种植密度 100~250 株 / 亩。碰到短期极端低温有霜冻，要进行顶端生长点保护。对前期生长量小的芭乐味黄

图 4-14 百香果高畦起垄种植

金百香果，建议 1 月份用 80 厘米以上大苗种植。

②种苗类型。建议以福建百香果 1 号、福建百香果 3 号（蜂蜜味、梅州黄果）易成花、大果型品种。用嫁接苗、扦插苗根系要好，种苗质量要好，没有病毒病症状，接穗（或插穗）来源于育苗专用的采穗圃。

③种植棚架。采用垂帘式棚架、平顶式棚架改垂帘式棚架或多主蔓平顶式棚架。

④种植方式。采用高畦起垄种植，畦面宽 1.2 米，高 40~50 厘米，畦间沟宽 50 厘米，垂帘式棚架种植株行距 0.75~1.0 米 × 3.0 米、平顶式棚架株行距 1.5~2.0 米 × 3.0 米。有条件的实行隔年轮畦种植。

⑤土肥水管理。主要参照“（五）百香果标准化种植技术”进行。

⑥树体管理。主要参照“（五）百香果标准化种植技术”进行。

（3）中高海拔一年一植种植配套技术

这个区域属高海拔和低海拔的过渡区域，在这类型区域种植时，类似闽南漳州热量条件好的尽量往海拔高的地方建园，通过提高海拔来降低高温影响；类似闽西北热量条件相对不足的则选择低海拔，通过降低海拔来提高春季和秋冬季的温度，延长生育期。

①种植时间。热量条件好的区域 2 月下旬至 3 月中旬种植，种苗高度 80 厘米以上，种植密度 120~150 株。热量条件不足的区域 3 月种植，种苗高度 80 厘米以上，种植密度 150~250 株，做好短期低温冻害的防护预案。

②种苗类型。建议以福建百香果 1 号、福建百香果 3 号（蜂蜜味、梅州黄果）

易成花、大果型品种。用嫁接苗、扦插苗根系要好，种苗质量要好，没有病毒病症状，接穗（或插穗）来源于育苗专用的采穗圃。

③种植棚架。热量好的区域采用垂帘式棚架种植，热量较差的区域采用平顶式棚架种植。

④种植方式。采用高畦起垄种植，畦面宽 1.2 米，高 40~50 厘米，畦间沟宽 50 厘米，垂帘式棚架种植株行距 0.75~1.0 米 ×3.0 米、平顶式棚架株行距 1.5~2.0 米 ×3.0 米。有条件的实行隔年轮畦种植。

⑤土肥水管理。主要参照“（五）百香果标准化种植技术”进行。

⑥树体管理。主要参照“（五）百香果标准化种植技术”进行。

五、百香果主要病虫害与绿色防控

（一）概述

百香果生长过程中会发生多种病虫害，有些病虫害有极大危害性，成为百香果种植业发展的重要制约因素。百香果重要的侵染性病害有病毒病、茎基腐病、枯萎病、疫病、炭疽病、褐斑病、溃疡病、线虫病等，生理性病害有苗期冻害、药害等；虫害有橘小实蝇、瓜实蝇、蚜虫、蓟马等。

1. 病虫害诊断技术

正确的诊断是有效防控病虫害的前提，只有及时准确诊断，才能对症防控。

（1）病害诊断

病害诊断包括症状观察和病原（病因）鉴定。症状作为诊断病害的重要依据，病害症状有五大类型，即变色、坏死、腐烂、萎蔫和畸形。

变色：发病植株局部或全株色泽异常，表现为褪绿、黄化、花叶、斑驳、条纹、条斑等。具有变色类症状的病害主要有病毒病、线虫病和生理性病害。

坏死：发病植株局部或大片组织的细胞死亡。表现为叶斑和叶枯。病斑分成黑斑、褐斑、灰斑、白斑、黄斑、环斑或轮斑。叶枯指在较短时间内叶片出现大面积组织枯死。具有坏死类症状的病害主要有菌物（真菌）性病害和细菌性病害。

腐烂：指植株组织较大面积的破坏、死亡和解体，有软腐、湿腐、干腐等。具有腐烂类症状的病害主要有菌物（真菌）性病害和细菌性病害。

萎蔫：植株失水萎垂，主要是由于根系和茎叶维管束坏死所致，植株整体呈现萎蔫或枯萎等。具有萎蔫类症状的病害主要有菌物（真菌）性病害。

畸形：植物的细胞和组织过度增生或抑制，出现矮化、矮缩、扭曲、卷叶、肿大等。具有畸形类症状的病害主要有病毒病、线虫病病害。

病原（病因）鉴定是病害确诊的主要依据。侵染性病害的病原物有菌物、细菌、病毒、线虫等，这些病原物在发病部位形成不同的结构，菌物（真菌）性病害的病征有霉状物、粉状物、点状物、颗粒状物等，细菌性病害的病征为菌脓。病毒病不形成外部病征。通过病征观察后进一步进行病原物分离培养、显微镜形态学观测、生化鉴定和分子生物学鉴定，确定病原物种类的分类地位。生理性病害通过对农事管理过程和生长环境条件等因素分析，确定病害的影响因素。

（2）虫害鉴定

不同害虫种类和同一种类不同虫态、龄期对植物的为害方式不同，造成的为害状也不同。蛀食性害虫例如木蠹蛾以幼虫钻蛀茎枝内取食为害，致使枝叶枯萎，甚至全株枯死。橘小实蝇雌虫将卵产于果内，产卵处果皮表面隆起和形成孔洞，幼虫在果内取食，使受害果实发黄、腐烂，提前脱落。蚜虫、蚧、粉虱等害虫能直接刺吸寄主的汁液，其分泌物能诱发煤烟病，影响光合作用、呼吸作用，阻碍果树正常生长发育。植株受害部位通常有害虫的不同虫态存在，需要对害虫种类进行鉴定。

2. 百香果病虫害绿色防控技术

绿色防控通常是指以确保农业生产、农产品质量和农业生态安全为目标，以减少化学农药和肥料为目的，优先采取生态防控、生物防控和物理防控等环境友好型技术措施控制农作物病虫害。

百香果病虫害的防控策略是“强化预防性治理，严防急性病虫害，控制慢性病虫害”。百香果茎基腐病、百香果枯萎病、百香果病毒病是重要的系统性病害，能导致百香果植株生长衰退直至全株枯死，是监测和防控的重点；对这类病害首先要抓好预防性治理，措施有加强检疫，选用抗病果树品种，培育无病种苗，搞好田间卫生防御。百香果疫病、百香果溃疡病、百香果炭疽病、百香果蔓枯病属于急性型病害，病害通过空气和雨水传播，气候条件适宜病害就可能大面积发生，对产品产量和质量造成一定损失；这类病害要加强监测，做到早诊断、早防控，控制病害蔓延灾变。慢性病害例如百香果线虫病，以控制初侵染源中心，在病区注重土壤处理。百香果褐斑病、百香果褐腐病是果实采收和贮藏期的病害，要抓好适期采收，安全贮运。橘小实蝇可采用黄板或性诱剂诱杀。百香果病虫害的防控措施如下。

（1）加强检疫

百香果病毒病、枯萎病、茎基腐病、线虫病可以通过种苗和土壤远距离传播；橘小实蝇能随种苗调动或产品贸易传到新区。因此，要加强种苗的检疫检验工作，预防危害性病虫害随带病种苗传入。

（2）搞好果园卫生

病原菌和害虫可以在受害植株、病株病叶等残体、土壤和栽培基质中存活，果实采收后要及时清除果园内的枯枝落叶、病株病果等残体，清除栽培环境中的杂草和其他宿主植物，消灭和减少初侵染的菌源和虫源。

（3）培育无病果苗

预防百香果病毒病可采用脱毒组培苗，也可选用健康枝条扦插或嫁接繁殖；预防百香果枯萎病、茎基腐病、线虫病使用新土或消毒土壤、清洁健康的栽培基质培育无病苗。

（4）优化栽培基质

要重视果园土壤健康修复，对种植多年的果园土壤要增施有机肥和有益微生物肥料。

（5）选育抗病品种

百香果品种之间存在明显的抗逆性和抗病性差异。紫果中的百香果1号、百香果2号表现抗寒，丰产性好。黄果系列如百香果3号（黄金果）不耐寒，不耐贮藏，易发生果腐病。

（6）适期采收，安全贮运

鲜食果提倡完熟采收，果皮黄或紫红占整果的80%为适宜采收时期。果实采收后单果包膜结合冷藏，预防各类果腐病。

（7）科学用药

①对症用药，一药多治。有些农药的杀菌谱或杀虫谱较广，可以针对有相同发生期的病虫害选用广谱性农药，做到一药多治。例如，咪鲜胺类农药可以同时防控炭疽病、枯萎病和多种真菌性病害；噻虫嗪可以同时防控蚜虫、粉虱、蓟马、介壳虫、跳甲等多种害虫。

②提倡生物防控。利用天敌生物、益生生物及其产品防控植物病虫害。例如，利用蚜茧蜂防控果树蚜虫，利用平腹小蜂防控荔枝蝽，利用捕食螨防控柑橘红蜘蛛，利用淡紫拟青霉防控线虫病，利用阿维菌素防控粉虱、叶螨、瘿螨、蚜虫、线虫，

利用中生菌素防控溃疡病，利用木霉菌剂防控疫霉病等。

（8）理化防控

昆虫具有趋化性、趋光性、趋色性，可以使用信息素（性引诱剂、聚集素等）、杀虫灯、诱虫板（黄板、蓝板）等技术，诱杀实蝇类、蛾类、蝶类、飞虱、叶蝉、蚜虫等多种害虫。

图 5-1　果园挂诱虫板（黄板、蓝板）

图 5-2　果园挂橘小实蝇性诱捕器

图 5-3　果园施用微生物肥

A. 木霉菌剂发酵；B. 微生物肥产品加工；C. 种植穴施木霉菌肥；D. 施用木霉菌肥的百香果植株

（二）百香果病毒病

1. 百香果病毒种类

百香果的种植受多种因子制约，其中最为主要的是病虫为害，除了疫病、茎基腐病和褐斑病外，病毒病是限制百香果发展的最大障碍。病毒病广泛发生在百香果种植地区，2017 年报道的百香果病毒有 26 种，包括马铃薯 Y 病毒属、菜豆金色花叶病毒属、香石竹潜隐病毒属、黄瓜花叶病毒属、芜菁黄花叶病毒属、柑橘粗糙病毒属、烟草花叶病毒属、线虫传多面体病毒属，以及 2 种分类尚不明确的病毒（表 5-1），其中黄瓜花叶病毒（CMV）和西番莲木质化病毒（PWV）分布较广，其他病毒均属局部地区分布。病毒病已成为肯尼亚、马来西亚、斯里兰卡、印度、菲律宾、尼日利亚、新几内亚、夏威夷、澳大利亚和我国台湾省发展百香果的严重制约因子。肯尼亚因百香果木质化病毒病只好将种植局限在小的、相对隔离的范围内。台湾省 1982 年百香果种植面积达 1392 公顷，次年病毒病发生，至 1988 年仅剩 540 公顷，产量剧减且品质劣变，外销停止。

表 5–1　百香果病毒种类

种类	名称	简称
马铃薯 Y 病毒属（*Potyvirus*）	西番莲木质化病毒	PWV
	豇豆蚜传花叶病毒	CABMV
	西番莲环斑病毒	PFRSV
	菜豆黄花叶病毒	BYMV
	西番莲斑纹病毒	PaMV
	大豆花叶病毒	SMV
	西番莲 Y 病毒	PaVY
	东亚西番莲病毒	EAPV
	乌干达西番莲病毒	UPV
	马来西亚西番莲病毒	MPV
	夜来香花叶病毒	TeMV
	西瓜花叶病毒	WMV
菜豆金色花叶病毒属（*Begomovirus*）	麻风树花叶病毒	TMV
	西番莲小叶花叶病毒	PLLMV
	西番莲扭叶病毒	PLDV
	大戟花叶病毒	EuMV
	大戟曲叶病毒	EuLCV
	广东番木瓜曲叶病毒	PaLCuGdV

续表

种类	名称	简称
香石竹潜隐病毒属（*Carlavirus*）	西番莲潜隐病毒	PLV
黄瓜花叶病毒属（*Cucumovirus*）	黄瓜花叶病毒	CMV
芜菁黄花叶病毒属（*Tymovitus*）	西番莲黄花叶病毒	PFYMV
柑橘粗糙病毒属（*Cilevirus*）	西番莲绿斑病毒	PFGSV
烟草花叶病毒属（*Tobamovirus*）	西番莲花叶病毒	MarMV
线虫传多面体病毒属(*Nepovirus*)	番茄环斑病毒	ToRSV
未确定种类（Unknown species）	西番莲脉明病毒	PaVCV
	紫果西番莲花叶病毒	PGMV

2. 福建省百香果病毒发生情况

福建省百香果病毒发生普遍，20 世纪 80 年代主要进行 CMV 的调查及相关致病株系的研究，其他病毒未见报道。2017~2021 年，利用建立的高通量测序（NGS）和 PCR 相结合的高效病原鉴定技术，通过大量样品鉴定出病毒种类 9 种，为黄瓜花叶病毒属的黄瓜花叶病毒（CMV），马铃薯 Y 病毒属的夜来香花叶病毒（TeMV）、东亚西番莲病毒（EAPV）、西番莲重型斑驳相关病毒（PFSMoAV），芜菁黄花叶病毒属的芜菁花叶病毒（TuMV），香石竹潜病毒属的西番莲潜隐病毒（PLV），菜豆金色花叶病毒属的广东番木瓜曲叶病毒（PaLCuGdV）、番茄黄化曲叶病毒（TYLCV）和木槿潜隐皮尔斯堡病毒（HLFPV）。其中，PFSMoAV 为国际上首次报道的新病毒，确认了百香果为 HFLPV 的新寄主；TeMV、PLV、TYLCV 为国内百香果上首次报道；EAPV 为中国大陆地区百香果上首次报道；TuMV、PaLCuGdV 为福建省百香果上首次报道。

西番莲重型斑驳相关病毒（PFSMoAV）为中国首次发现的百香果病毒新种，与马铃薯 Y 病毒属的 *Passionfruit Vietnam potyvirus*（PVNV–DakNong）的序列一致性较高，在核苷酸和氨基酸水平上分别达 89%、91%，与 TeMV、EAPV、SMV 紫藤西瓜叶脉花叶病毒（WVMV）、巴黎花叶坏死病毒（PMNV）、菜豆花叶坏死病毒（BCMNV）在核苷酸和氨基酸水平上的一致性分别为 70%~72%、

69%~74%。按照国际病毒分类委员会（ICTV）关于Potyvirus病毒的划分标准，即外壳蛋白（CP）基因氨基酸序列一致性约低于80%；CP基因或整个基因组的核苷酸序列一致性低于76%，该病毒为一种新病毒，命名为西番莲重型斑驳相关病毒。

福建省主要为害病毒为黄瓜花叶病毒（CMV）、东亚西番莲病毒（EAPV）和夜来香花叶病毒（TeMV）；不同病毒之间存在复合侵染现象，复合侵染类型：TeMV+CMV、TeMV+PLV、TeMV+EAPV、EAPV+PLV、EAPV+PaLCuGdV、CMV+PaLCuGdV、PLV+PaLCuGdV、PaLCuGdV+HLFPV、TeMV+TuMV和TeMV+CMV+EAPV等10种类型；黄果类百香果病毒病发生严重，带毒苗木是当前福建省百香果病毒病传播的主要原因。种苗发病情况，以CMV、TeMV和EAPV为主，带毒率分别为9.11%、13.90%，发现地栽苗存在大量的烟草、茄科作物中间寄主侵染现象。

福建省百香果感染病毒分别为黄瓜花叶病毒属、马铃薯Y病毒属、芜菁黄花叶病毒属、香石竹潜病毒属的西番莲潜隐病毒、菜豆金色花叶病毒属和木槿潜隐皮尔斯堡病毒（HLFPV）。

（1）黄瓜花叶病毒属

黄瓜花叶病毒为黄瓜花叶病毒属，寄主范围广，可侵染1200多种植物，已报道的株系或分离物超过100个。中国CMV报道有PE、PE2、PC、PF和PEF等5种株系，分为2组，PEf属于CMV亚组Ⅱ，亚组Ⅰ在田间侵染的西番莲中占绝对优势。百香果被CMV侵染后，叶片呈典型花叶，嫩叶明显黄点或黄斑；顶芽卷曲，老叶褪绿黄化；果实石果。CMV主要通过桃蚜、棉蚜以非持久性方式传播。

（2）马铃薯Y病毒属

EAPV侵染引起叶片形成褪绿斑，致果皮褪色斑驳；TeMV侵染引起花叶、叶片皱褶和畸形；PFSMoAV导致花叶及皱缩。

（3）菜豆金色花叶病毒属

菜豆金色花叶病毒属，在波多黎各、巴西、美国和中国均有关于其侵染西番莲的报道。广东番木瓜曲叶病毒主要侵染紫果西番莲，引起花叶和叶片畸形，其传播途径不明。

（4）香石竹潜隐病毒属

西番莲被侵染后，表现为不明显的系统性花叶症状，气温较低时，老叶呈斑驳状。病毒通过蚜虫以非持久性方式传播。

（5）芜菁黄花叶病毒属

西番莲黄花叶病毒（PaYMV）是芜菁黄花叶病毒属成员，目前只在巴西和哥伦比亚有相关报道，从巴西分离的 PaYMV 株系只侵染西番莲科植物，而哥伦比亚株系除侵染西番莲外，还能侵染 3 种酸浆属植物。PaYMV 侵染西番莲引起叶片皱褶、亮黄色的网状花叶。

3. 百香果病毒分子检测技术

百香果病毒的常规检测方法有生物学检测法、电子显微镜检测、血清学检测、分子生物学检测（表 5–2）。血清学检测主要包括酶联免疫吸附法、免疫胶体金技术和快速免疫滤纸法，其中以酶联免疫吸附法应用最为广泛，分子生物学检测最常用的检测方法是聚合酶链反应（PCR）和逆转录—聚合酶链反应（RT–PCR）。

表 5–2　百香果病毒检测方法

检测方法	内容	应用	优缺点
生物学检测法（指示植物检测法）	将待测病毒接种到对该病毒敏感、短时间内即可表现出典型症状的寄主植物，依据观察到的典型症状来判定病毒种类	黄瓜花叶病毒、乌干达西番莲病毒等病毒的鉴定	受季节和环境因素影响，检测周期较长，且容易出现假阳性
电子显微镜检测	其检测结果是否准确取决于电镜的质量和标本制作效果	应用于乌干达西番莲病毒、大戟花叶病毒和西番莲黄花叶病毒检测，是判断病毒是否存在的最直观的检测方法	显微观察，检测效率低
血清学检测	应用抗原抗体在体外特异性结合待测植物病毒，产生血清学反应，以此来鉴定	检测西番莲病毒豇豆蚜传花叶病毒、乌干达西番莲病毒、大戟花叶病毒和黄瓜花叶病毒等	特异性抗体制作过程复杂，且商用抗体价格高，且容易出现假阳性

续表

检测方法	内容	应用	优缺点
分子生物学检测	是通过检测病毒核酸来判断病毒存在与否	RT-PCR 应用于豇豆蚜传花叶病毒、西番莲斑驳病毒、西番莲 Y 病毒属和黄瓜花叶病毒等多种病毒的检测	灵敏度高、特异性强，能检测到微量样品中的病毒

百香果病毒多采用血清学检测，但其操作步骤繁琐，检测周期长，灵敏度较低，易造成交叉污染，出现假阳性结果。而分子检测技术因其灵敏度高、快速，可避免假阳性现象等，已成为现代病毒的重要研究手段。

（1）以 RT-PCR 为主的福建省 9 种病毒分子检测技术

依据福建省百香果感染病毒种类，在各病毒保守区域设计 TeMV、EPAV、CMV、PLV、PaLCuGdV、TYLCV、HLFPV、TuMV、PFSMoAV 等 9 种病毒的特异性引物（表 5-3），建立了规范的病毒病原检测技术，其 RNA 提取、反转录、特异性扩增、电泳检测等全过程约 3 小时，检测效率显著提高，实现对百香果田间样品、苗木的精准检测，制定并颁布了福建省地方标准 DB35/T 1943—2020《百香果（西番莲）病毒检测技术规程》。

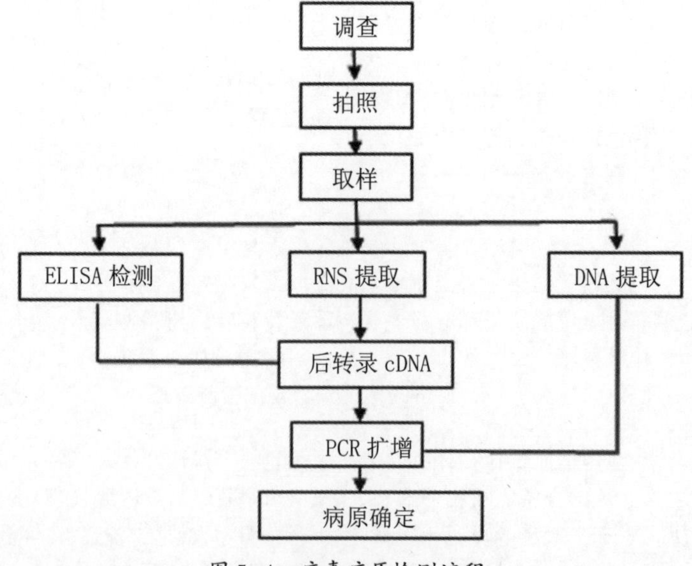

图 5-4　病毒病原检测流程

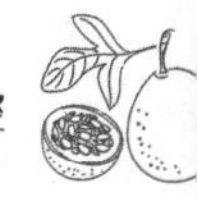

表 5-3 PCR 扩增引物

病毒名称	引物名称	引物序列（5'-3'）	目的片段（bp）
东亚西番莲病毒	EAPV-F	CTTGCATGTCCTAGACCTCG	955
	EAPV-R	AACTGTGGTCGGTTTACCCAA	
夜来香花叶病毒	TeMV-F	TCAAGTAAGGTGGATGATGTT	861
	TeMV-R	CTGCACAGAGCCAACCCCAA	
黄瓜花叶病毒	CMV-F	ATGGACAAATCTGAATCAACC	657
	CMV-R	TCAGACTGGGAGCACTCCA	
广东番木瓜曲叶病毒	Begomo-F	CCKGTGYGTGHRAATCC	900
	Begomo-R	CCRARCWTYCAGSGSAGCT	
西番莲潜隐病毒	PLV-F	ATGCCACCAAAGGAAGCAC	816
	PLV-R	TTACCCATTGTTTGCATTTCGA	
西番莲重型斑驳相关病毒	PFSMoAV-F	CTGCACGGAGCCAACACCAAGAAG	900
	PFSMoAV-R	CTGCACGGAGCCAACACCAAGAAG	
番茄黄化曲叶病毒	TYLCV-F	TAGGTAAAGTCTGGATGGATGAAAAT	615
	TYLCV-R	TTTGGACGACATTACAGCCTCA	
木槿潜隐皮尔斯堡病毒	HFLPV-F	ATGTCTTACTCGAACATAACAGC	477
	HFLPV-R	TTAGTTAGCAGGAGCGGTCCA	
芜菁花叶病毒	TuMV-F	GCAGGTGAAACGCTTGATGCAG	864
	TuMV-R	CAACCCCTGAACGCCCAGTA	

（2）病毒快筛技术

根据福建省百香果病毒发生特点，福建省人民政府推进了百香果标准化育苗建设，针对母本园、采穗圃等大批量检测任务，研发了马铃薯 Y 病毒属、香石竹潜隐病毒属及菜豆金色花叶病毒属的通用简并引物结合血清学试剂盒的病毒快筛技术，适用于种苗繁殖材料的批量检测，检测效率较普通 PCR 提高 10 倍，主要用于大量样品的定性检测。

（3）其他常用病毒分子检测技术

荧光PCR、RT-LAMP、TC-PCR、Nest-PCR、IC-PCR、多重PCR等方法也陆续应用在百香果病毒研究上，各具特点，可实现病毒高灵敏、多病毒及现场检测。试管捕捉、免疫捕获和PCR相结合的TC-PCR、IC-PCR检测方法，无需RNA提取，极大地提高了检测效率；以病毒基因组保守区域为靶序列，设计LAMP特异性引物的RT-LAMP检测方法，可实现现场检测。

4. 症状

主要田间症状：叶片表现为环斑黄化、顶枯、沿脉坏死、皱缩花叶及小叶；果实表现为皱缩畸形、果腔变厚。

图5-5　百香果病样典型症状（叶、果）

5. 防控措施

（1）培育和种植无病苗

使用经严格检测的无病苗。无病苗为接穗或插穗经无病毒检测并按无病苗圃进行隔离培育的不带毒苗木。

（2）栽培避病

选择果园附近或前作未种植过辣椒、烟草、茄科类、瓜类等作物的田地作为百香果种植地。做好果园的清洁卫生，及时清除病株残体，推广一年一植。

（3）阻断传毒途径

种苗培育嫁接或果树枝条修剪要做到“一株一剪”，用1%次氯酸钠溶液消毒剪刀和刀片，降低病毒在植株之间相互传染。选用吡虫啉、噻虫嗪等农药及时防治蚜虫等传毒昆虫。

（4）抗性利用

果树生长期用5%氨基寡糖素水剂500~750倍喷雾，间隔7天喷1次，共2~3次，增强植株抗病性。

（三）百香果菌物性病害

1. 百香果茎基腐病

（1）症状

该病害通常发生于离地面上下5~10厘米的植株茎基部。被害茎基部皮层肿胀，出现水渍状暗褐色病斑，病组织从茎基部向上下扩展延伸。后期病部呈海绵状腐烂，皮层腐烂脱落，裸露出木质部，腐烂组织内可能形成不定根。温湿度适宜时，可见茎基部和根颈部有白色菌丝，后期形成近圆形橘黄色子囊壳；发病植株叶片褪绿、黄化，病叶脱落，枝蔓枯萎。

图5-6　百香果茎基腐病症状

A. 根茎部皮层肿胀腐烂；B. 腐烂开裂形成不定根和白色菌丝；C. 皮层肿胀腐烂；D. 病组织有橘红色子囊壳

（2）病原

腐皮镰孢：小型分生孢子多，卵形、肾形，壁较厚，大小为（5~12）微米 ×（3~7）微米；大型分生孢子较胖，两端较钝，顶胞稍尖，基胞有圆形足跟，壁较厚，3~8隔，大小为（25~58）微米 ×（4~7）微米。产孢细胞为长的筒形单瓶梗，少分枝。厚垣孢子多，圆形，壁粗糙，间生或对生。

赤球丛赤壳：子囊壳散生或聚生，球形，橙红色，直径 150~178 微米；子囊棍棒形内含 8 个子囊孢子呈行或双行排列，子囊孢子无色，椭圆形，大小为（8.56~14.52）微米 ×（3.25~6.86）微米。

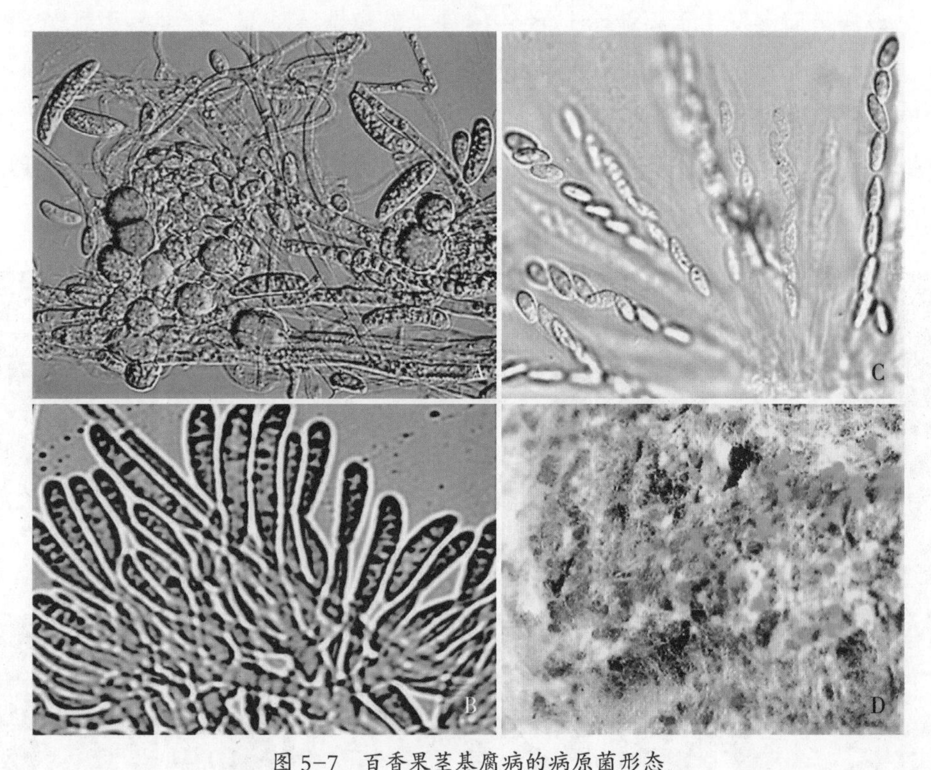

图 5-7　百香果茎基腐病的病原菌形态

A. 茄病镰孢大型、小型分生孢子和厚垣孢子；B. 茄病镰孢分生孢子梗和分生孢子；C. 丛赤壳子囊和子囊孢子；D. 丛赤壳橘红色圆球子囊壳

（3）发病规律

茎基腐病以菌丝体及厚垣孢子在田间病株残体上或土壤中存活越冬，田间可通过水流和风雨传播。病菌可经果树的伤口侵入，如管理粗放、农事操作时引起果树根颈部损伤有利病菌侵染，机械创伤多和虫害严重的果园发病重。病

害常在高温高湿雨季流行，土壤通透性差、湿度高、排水不良、过度荫蔽的果园易发病。

（4）防控措施

①培育和种植无病苗。营养袋育苗时要用干净新鲜的土壤、栽培基质和肥料；不要从病区调运或引进果树种苗。

②健康栽培，卫生防控。及时清理园内病叶、病枝减少菌源；发现病株及时挖除，带出园外烧毁，病穴用石灰或杀菌剂进行消毒；选用高畦或深沟栽培，做好园内水分排灌；适时修剪，优化果园通风透光条件；均衡施肥，不偏施氮肥，增施有机肥和菌肥；科学化学除草，预防除草剂残留和药害，人工除草时要注意避免伤害植株茎基部。

③科学用药，适时防治。果树移栽期和发病初期选用合适农药喷施或淋浇茎基部至土壤湿润；隔 7~10 天施药 1 次，连施 2~3 次。高温多雨期选用以上药剂淋浇或喷施茎基部进行预防。

2. 百香果枯萎病

（1）症状

发病植株叶片褪绿皱缩，严重干枯脱落。病株枝蔓稀疏，初期有部分枝蔓枯死，后期整株枯萎死亡。病株根系衰退并伴有腐烂坏死症状，根系和根颈部有白色菌丝。纵切茎基部，维管束变褐坏死并向上部茎和枝蔓扩展。

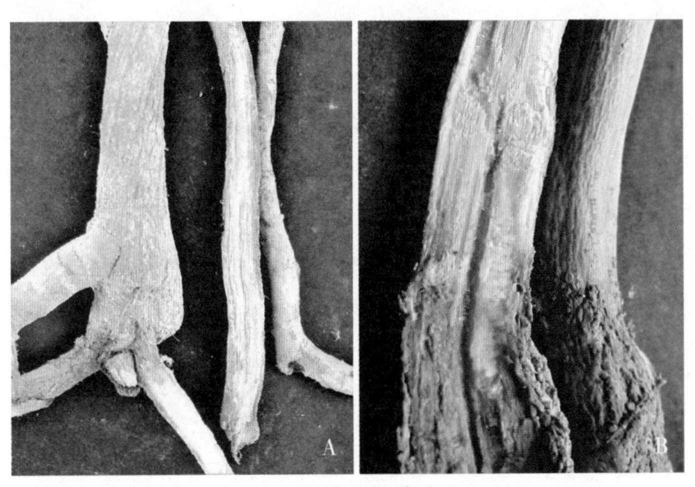

图 5-8　百香果枯萎病症状

A. 根系和根颈部坏死，有白色菌丝；B. 根茎腐烂，维管束变褐坏死

（2）病原

尖镰孢：产生大型分生孢子和小型分生孢子。小型分生孢子卵形或椭圆形，大小（5~10）微米 ×（2~3）微米。大型分生孢子镰刀形，两端均匀地逐渐变尖，有足胞，3~5 个隔膜，大小（26~52）微米 ×（5~7）微米；产孢细胞单瓶梗，短。

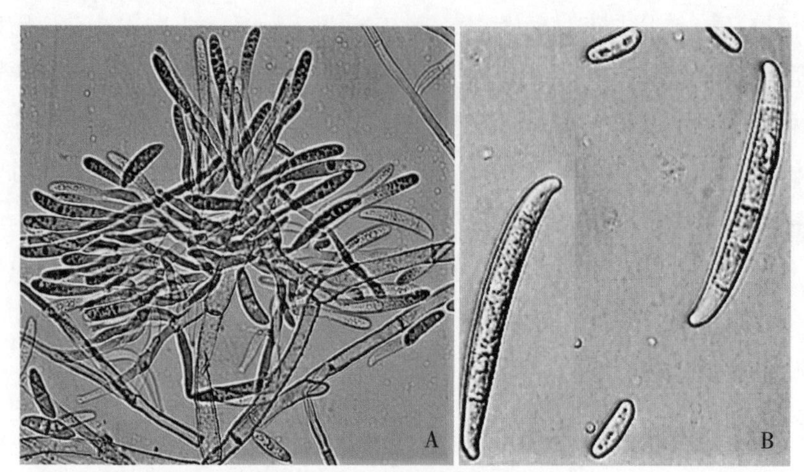

图 5-9　百香果枯萎病菌形态
A. 分生孢子梗和分生孢子；B. 大型分生孢子和小型分生孢子

百香果茎基腐病与百香果枯萎病区别：

百香果茎基腐病的病原为腐皮镰孢，病原菌由茎基部侵染导致茎基部皮层腐烂，腐烂皮层组织向上下扩展，病植株萎蔫。病茎维管束不变褐色。病株茎基部肿大。

百香果枯萎病的病原为尖镰孢，病原菌从根或根颈侵入引起维管束坏死，导致植株枯萎死亡。病株茎基部维管束变褐坏死。茎基部不肿大。

（3）发病规律

病菌以菌丝体及厚垣孢子在病株残体上或土壤中越冬，带菌的土壤是病害的初侵源。用带菌土壤育苗能导致种苗远距离传播。田间锄草等农事操作能引起病害近距离传播。

（4）防控措施

参照百香果茎基腐病的防控措施。

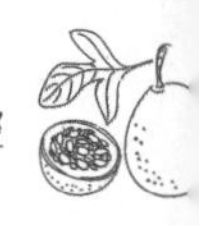

3. 百香果炭疽病

（1）症状

该病害为害叶片、茎蔓和果实。发病时，在叶面和叶缘产生近圆形或半圆形病斑，病斑中部灰白色或浅褐色、边缘深褐色，病斑上有轮纹状排列的黑色小粒点（分生孢子盘），发病严重时多个病斑联结成大斑块，叶片枯死或脱落。茎蔓受害初期产生褪绿、水渍状灰白色病斑，病斑扩大并相互联结，导致茎蔓呈灰白色腐烂开裂、病部散生小黑粒点，最后发病部位上方的整条藤蔓萎蔫。果蒂受害初期在果柄上产生褐色病斑，随后病斑扩展引起果柄及果蒂呈灰白色坏死，发病部产生小黑点，果实失水皱缩。果实受害初期产生褐色水渍状近圆形病斑，病斑不断扩展导致果腐，腐烂病斑表面产生黑色粒点（分生孢子盘）。

图 5-10　百香果炭疽病症状

A、B. 叶片病斑；C、D. 茎蔓组织坏死；E、F. 果实病斑形状；G、H. 果蒂组织坏死，果实失水皱缩

（2）病原

胶孢炭疽菌引起茎蔓及叶片炭疽病；辣椒炭疽病菌引起果实炭疽病。

胶孢炭疽菌：分生孢子盘直径大小为 50.0~140.0 微米，盘周围有刚毛，盘上着生分生孢子梗和分生孢子；分生孢子直、两端钝圆，（9~24）微米 ×（3~5）微米。

辣椒炭疽病菌：分生孢子盘周缘及内部均密生刚毛，刚毛暗褐色或棕色，有隔膜，大小为（95~216）微米 ×（5~7.5）微米；分生孢子新月形或镰刀形，无色，单胞，大小为（23.7~26）×（2.5~5）微米。

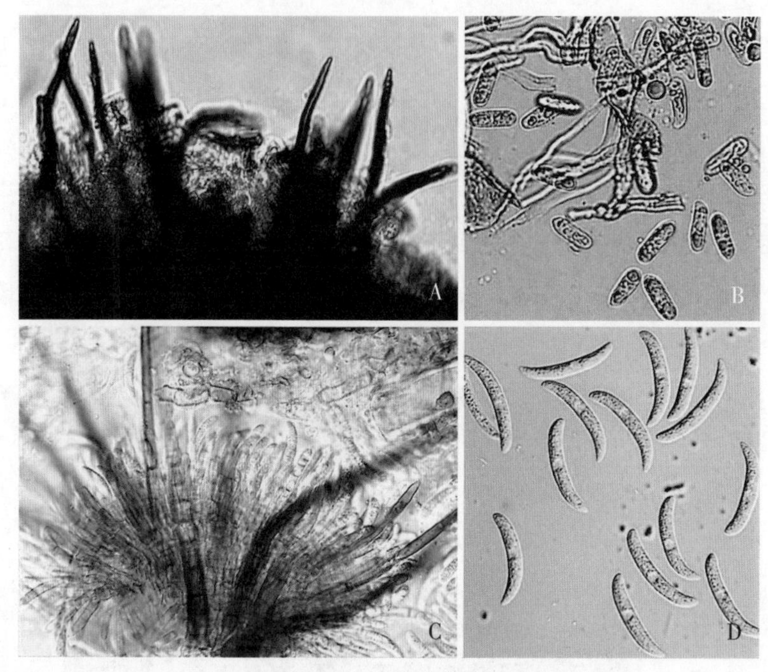

图 5-11　炭疽病菌形态

A、B. 胶孢炭疽菌分生孢子盘和分生孢子；C、D. 辣椒炭疽菌分生孢子盘和分生孢子

（3）发病规律

病菌以菌丝体和分生孢子盘在病株上和病残体上存活越冬。翌年春夏间，当温湿适宜时，特别是水分充足时，分孢盘上产生的分生孢子借雨水溅射传播，从叶片、茎蔓伤口侵入或直接从表皮贯穿侵入致病，病部新产生的分生孢子又借风雨传播引起再侵染。偏施氮肥，果树叶片郁蔽，通风透光差的果园易诱发炭疽病。

（4）防控措施

①药剂防控。发病期选用合适农药喷施，隔 7~10 天 1 次，共 2~3 次。

②栽培和卫生防控措施。参照百香果茎基腐病的防控措施。

4. 百香果疫病

（1）症状

该病害为害果实、茎蔓和叶片。苗期、成株期和结果期均可发病，结果期为

害严重。苗期发病初期在茎、叶上出现水渍状病斑，病斑迅速扩大，导致叶片脱落或整株死亡。成株期发病嫩梢变色枯死，叶片的叶尖叶缘形成半透明水渍状病斑，病斑后期呈褐色坏死导致落叶。病株藤蔓病斑向纵、横方向发展，深入木质部，形成环绕枝蔓的褐色坏死圈或条状大斑，导致病斑上部的藤蔓枯死。果实发病初期果皮局部出现淡褐色烫伤状病斑，后期病斑扩大和相互联结，皮层大面积变软、全果腐烂，病斑上出现白色霉层。藤蔓和果实受害重时引起大量落果。

图 5-12　百香果疫病田间症状

A. 发病果园；B. 果实大量发病；C. 落果严重

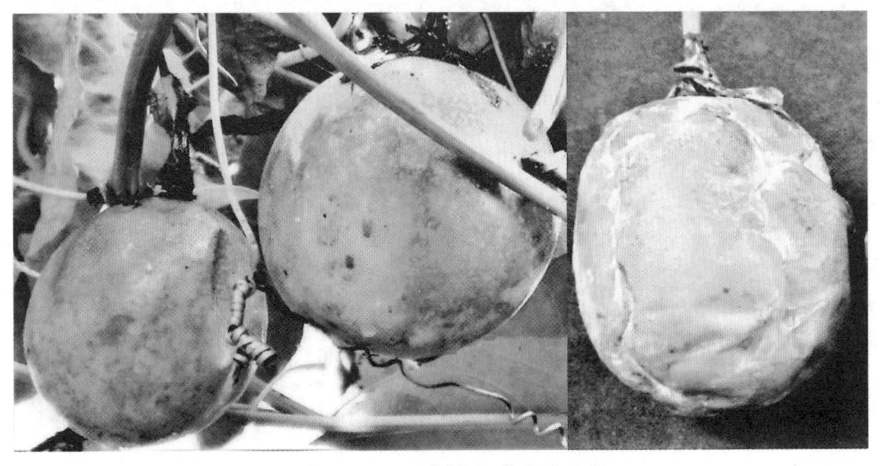

图 5-13　百香果疫病病果症状

图 5-14　百香果疫病症状

A. 病叶（叶面）；B. 病叶（叶背）；C. 病茎蔓

（2）病原

烟草疫霉：菌丝较细，无色透明，无分隔，但在老菌丝上偶有假分隔；菌丝直径 3.1~6.5 微米；孢囊梗不规则分枝或不分枝，顶端形成孢子囊。孢子囊球形、

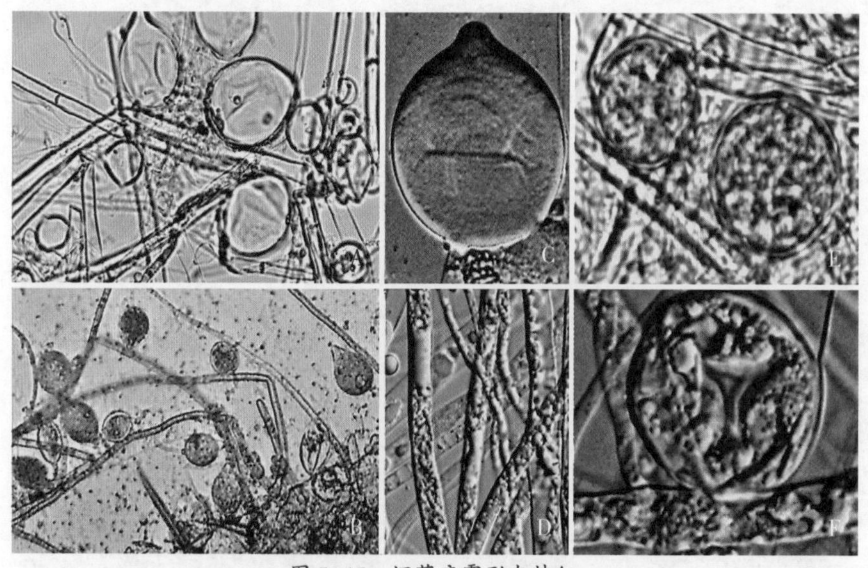

图 5-15　烟草疫霉形态特征

A~C. 孢子囊、游动孢子、休止孢子；D. 菌丝；E、F. 藏卵器

椭圆形、卵圆形或梨形，成熟孢子囊顶端有一明显的乳状突起，孢子囊大小为（30~58）微米 ×（22~44）微米。孢子囊内形成游动孢子，游动孢子侧生两根不等长的鞭毛；休止孢子球形。藏卵器球形，直径为 31~72 微米，雄器呈细桶型，长 19~31 微米。

（3）发病规律

疫霉菌以卵孢子在病组织越冬。条件适宜时形成大量孢子囊，孢子囊通过气流或雨滴溅散传播。游动孢子从寄主植物的表皮或气孔直接侵入。病组织上能继续产生大量孢子囊借风雨传播蔓延，进行再侵染。潮湿、多雨、多雾的气候环境有利病害发生，坐果期遇阴雨天气易发生果疫病，引起大量落果。

（4）防控措施

①药剂防控。历年有发病的果园，在雨季前用合适农药于植株表面喷雾保护（果实转色前禁用代森锰锌）；病害发生初期用合适农药进行防治。

②加强果园管理。保持园内通风，适时修剪，减少果园荫蔽程度；在雨季做好排水工作；疫病发生严重时及时清除病叶病果，做好田间卫生。

5. 百香果褐斑病

（1）症状

病菌可侵害叶片、茎蔓、果实。叶片发病时在叶面和叶缘产生近圆形褐色小病斑，病斑周围形成大面积黄晕。茎蔓发病初期，茎节处出现梭形、长条形或不规则形淡褐色斑块，颜色逐渐加深变为深褐色。后期病茎皮层开裂，严重时导致植株枯萎死亡。枯死的茎蔓组织上产生黑色小点。果实发病初期产生淡黄色、水渍状斑，后扩展为近圆形大斑。病斑中央稍凹陷、边缘隆起，深褐斑，病斑周围有黄色晕圈；后期病斑大面积变褐色，病斑上产生黑色霉点，即病原菌的子实体。

（2）病原

细极链格孢侵染叶、茎及藤蔓；西番莲链格孢侵染果实。

细极链格孢：分生孢子梗单生，柱状，有分隔，淡褐色，产孢部位稍膨大；分生孢子呈倒棍棒形具 4~7 个横隔膜、2~6 个纵隔膜，分隔处呈黑褐色缢缩状，大小为（25.6~67.0）微米 ×（3.8~5.5）微米。

百香果链格孢：分生孢子梗单生或 3~5 根簇生，淡褐色，偶有分枝；分生孢子孔出，单生，宽椭圆形或倒棍棒形，黄褐色，表面光滑，3~10 个横隔膜、0~4

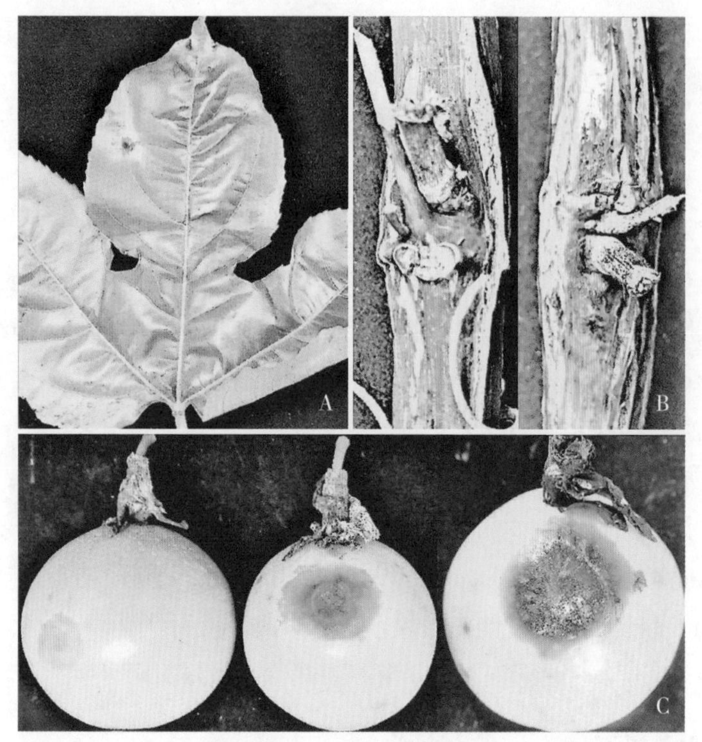

图 5-16　百香果褐斑病症状

A. 病叶；B. 茎节病害前期和后期；C. 病果上不同时期的病斑

图 5-17　百香果褐斑病菌形态

A、B. 细极链格孢分生孢子、分生孢子梗和菌丝；C、D. 百香果链格孢分生孢子梗及子座、分生孢子

个纵隔膜，隔膜处缢缩，大小为（32~95）微米 ×（10~15）微米，喙细胞无色，长 9~40 微米。

（3）发病规律

褐斑病菌以菌丝或分生孢子在染病藤蔓或残屑内越冬。在田间，分生孢子借风雨传播。高温高湿、田间郁闭、通风透光照差、果园连作等均有利于褐斑病病害发生。

（4）防控措施

①药剂防控。病害发生期可选用合适农药喷施，可结合炭疽病、蔓枯病、茎腐病进行综合防控，实现一药多治。

②农业防控。保持园内通风，适时修剪，减少果园荫蔽程度；在雨季做好排水工作；及时清除病叶病果，做好田间卫生。

6. 百香果蔓枯病

（1）症状

该病害为害藤蔓和果实。藤蔓受害引起蔓枯病。病害从藤蔓分枝基部开始发

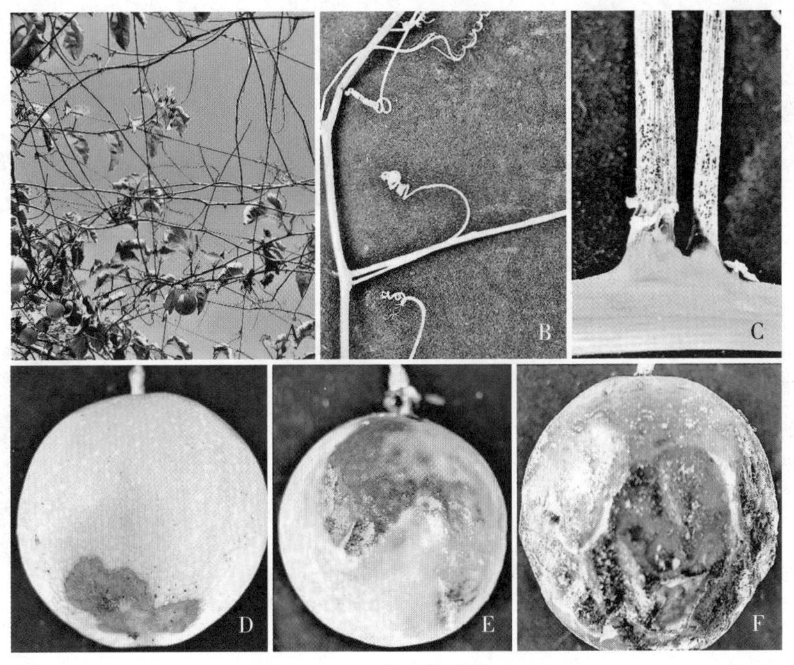

图 5-18　百香果蔓枯病症状

A. 田间棚架上的藤蔓枯死；B. 枯死的藤蔓；C. 坏死部产生小黑点；D~F. 病果前期、中期和后期

生，病组织初期呈水渍状淡褐色，随后引起整条藤蔓枯死、皮层腐烂，病组织呈灰白色，上面密生小黑粒（分生孢子器或子囊壳）。病健交界明显，枯死组织边缘呈褐色。

果实受害引起果黑腐病。为害近成熟果实。发病初期在果面产生水渍状淡黄褐色斑块，斑块逐渐扩大、斑块逐渐转为黑色，后期病斑上产生白色霉状物和形成黑色小菌核，果腐烂。

（2）病原

轮纹大茎点菌：分生孢子器近球形或扁球形，直径230~420微米；分生孢子梗棍棒状，分生孢子椭圆形至纺锤形，（24~33）微米 ×（6~8）微米。

梨生囊孢壳：子囊壳球形至扁球形，黑褐色，有孔口，直径250~340微米；子囊棍棒形；子囊孢子椭圆形，单胞，无色至淡褐色，（24~28）微米 ×（12~24）微米。

发病规律和防控措施参照百香果褐斑病。

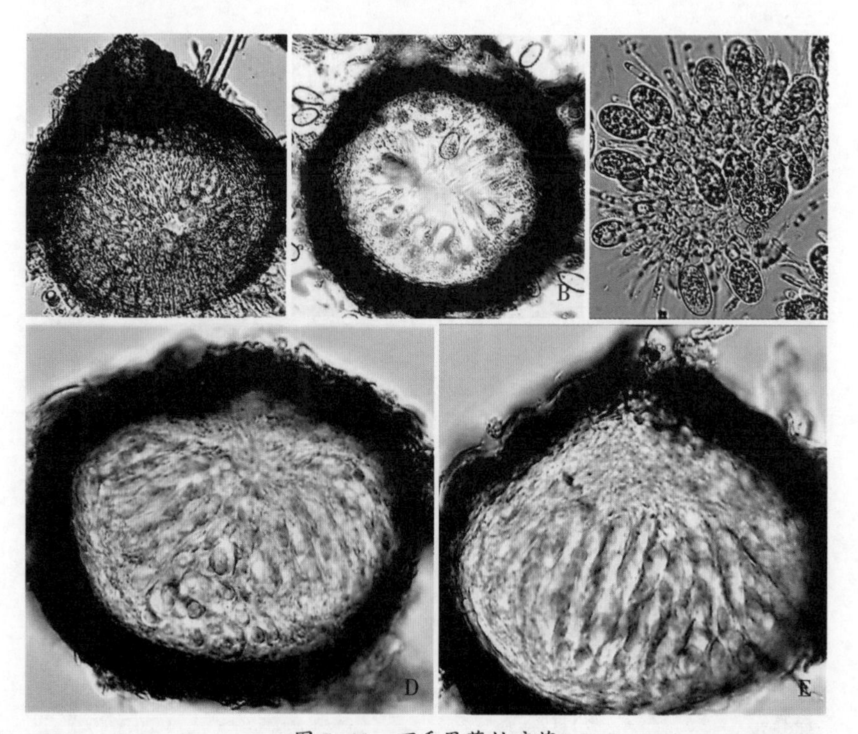

图 5-19　百香果蔓枯病菌

A~C. 轮纹大茎点菌分生孢子器和分生孢子；D、E. 梨生囊孢壳子囊壳（子囊和子囊孢子）

7. 百香果镰孢腐烂病

（1）症状

该病害为害茎蔓、果柄和果实，引起茎腐、蒂腐和果腐。茎蔓受害皮层变黑褐色腐烂，表面产生白色霉层。果柄受害后焦枯坏死，由于水分和营养输送受阻导致果实皱缩；青果期果实受害，果面产生黄褐色凹陷病斑，斑块逐渐扩大、表面产生白色霉状物，后期病斑连片逐渐转为深褐色或黑色，病果凹陷皱缩腐烂。

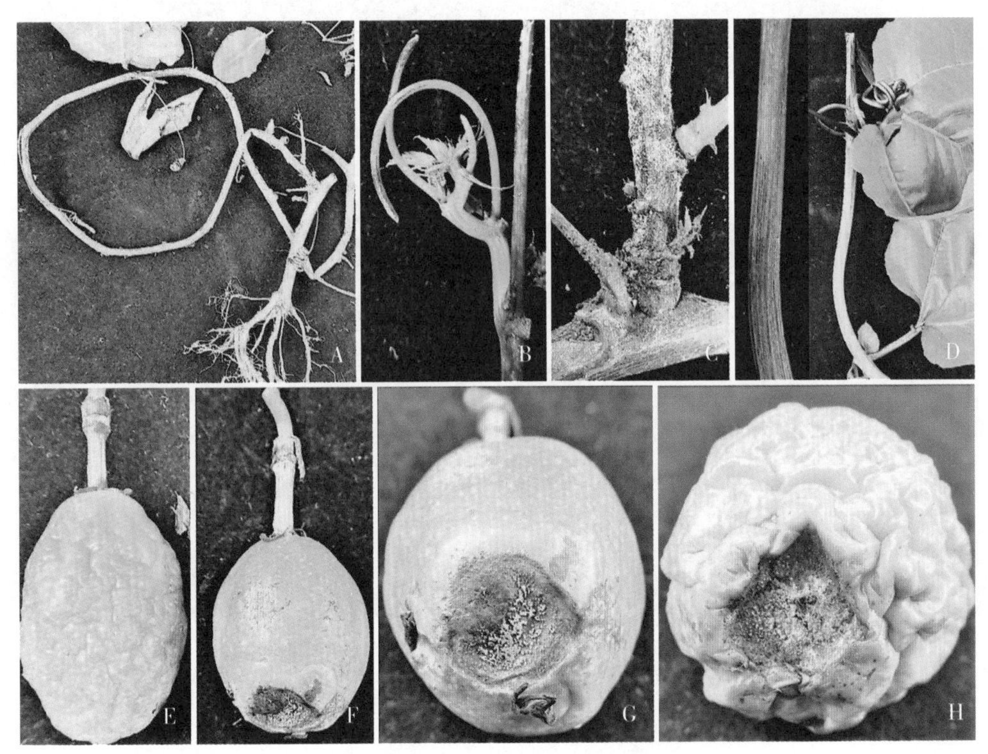

图 5–20　百香果镰孢腐烂病症状

A~D. 茎蔓腐烂；E. 果柄坏死、果实皱缩；F~H. 果实形成大褐斑、腐烂

（2）病原

镰刀菌：菌丝无色，有横隔膜；分生孢子梗无色，有隔膜，聚生形成分生孢子座，有分枝，分枝顶部产生瓶状产孢细胞。大型分生孢子镰刀状，多数具有 3 个横隔膜；小型分生孢子少，短杆状，0~1 个隔膜。

发病规律和防控措施参照百香果褐斑病。

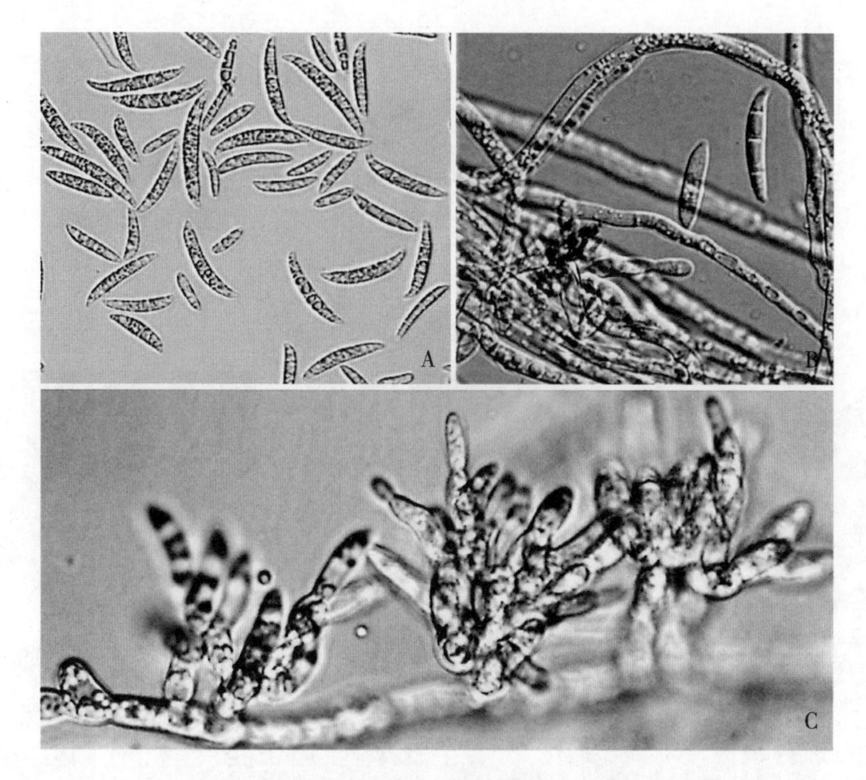

图 5-21　百香果镰孢菌

A. 分生孢子；B. 菌丝和分生孢子；C. 分生孢子梗

8. 百香果褐腐病

（1）症状

该病害为害近成熟果实。发病初期在果面产生水渍状淡黄色斑块，斑块逐渐扩大，表面产生白色霉状物，斑块逐渐转为褐色，病斑上密布小黑点，病果皱缩腐烂。病菌可侵入果内，果瓤被白色菌丝包裹，干缩、无汁。

（2）病原

色二孢：分生孢子器球形或扁球形，黑色，有孔口。分生孢子椭圆形，初期无色单胞，后转为深褐色，中间产生一横隔膜，隔膜处胞壁缢缩。菌丝无色至淡褐色，能产生球形至卵圆形的厚垣孢子。

发病规律和防控措施参照百香果褐斑病。

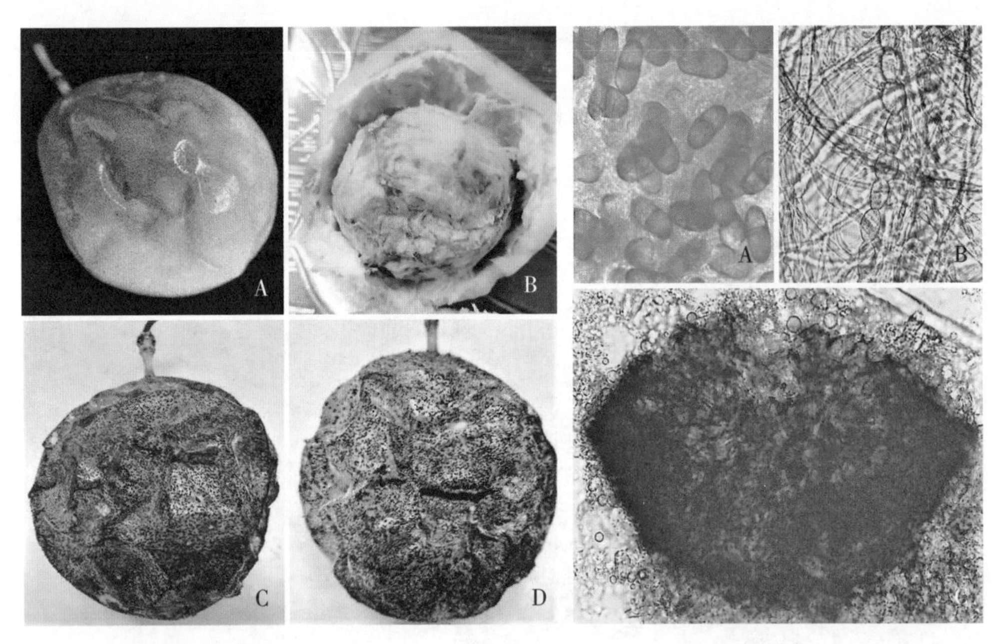

图 5-22　百香果褐腐病症状

A. 前期；B. 果内症状；C、D. 中后期

图 5-23　色二孢形态

A. 分生孢子；B. 菌丝和厚垣孢子；C. 分生孢子器

9. 百香果煤烟病

（1）症状

该病害为害叶片、藤蔓和果实。病害初期在植物表面形成黑色霉点，随后扩展为薄片状黑色霉层，后期霉层上着生小黑点。煤烟菌依靠蚜虫或介壳虫分泌的蜜露生活，因此在黑色霉层中常常混杂介壳虫或蚜虫的虫体，蚜虫、介壳虫发生严重时煤烟病也严重发生。黑色霉层影响植物光合作用，病害严重时可造成树势衰退，落果；病果失去商品价值。

（2）病原

煤炱菌：表生菌丝暗褐色，有明显隔膜，有分枝；菌丝侧面着生许多附着枝。

（3）发病规律

煤炱菌在病组织上越冬，借风雨传播；以蚜虫、蚧、粉虱等害虫的分泌物为营养营附生生活。蚜虫、蚧、粉虱发生严重的果园，煤烟病也发生严重。

（4）防控措施

治虫防病。加强对蚜虫、介壳虫和粉虱的防治。

图 5-24　百香果煤烟病症状

A. 果、蔓、叶上的煤炱菌和介壳虫；B. 叶片煤烟病；C. 介壳虫及被霉层覆盖的虫体；D. 煤炱菌菌丝

（四）百香果细菌性病害

百香果溃疡病

（1）症状

叶、枝、果均可受害，主要为害果实。果实上病斑初期为圆形或不规则水渍状小斑，病斑逐渐扩大形成淡褐色、水渍状、圆形或近圆形斑点，有些病斑形成轮纹状，有些病斑表皮逐渐隆起呈泡状。泡状斑逐渐转变成圆形或近圆形隆起、

褐色、木栓化、表面具裂纹的疤状溃疡斑。病斑下方的果肉变红色腐烂，病果失去食用价值。果实受害重者落果，轻者带有病斑不耐贮藏。叶片上病斑初呈黄色油渍状小点，逐渐扩大为圆形或近圆形、中央灰白色、外层褐色，病斑边缘呈暗色油腻状，有较宽的黄色晕圈；叶斑后期破裂形成穿孔。

（2）病原

地毯草黄单胞菌西番莲致病变种：菌体单细胞，直杆状，大小为（0.4~0.7）微米 ×（0.7~1.8）微米。单根极生鞭毛，革兰氏染色反应呈阴性。

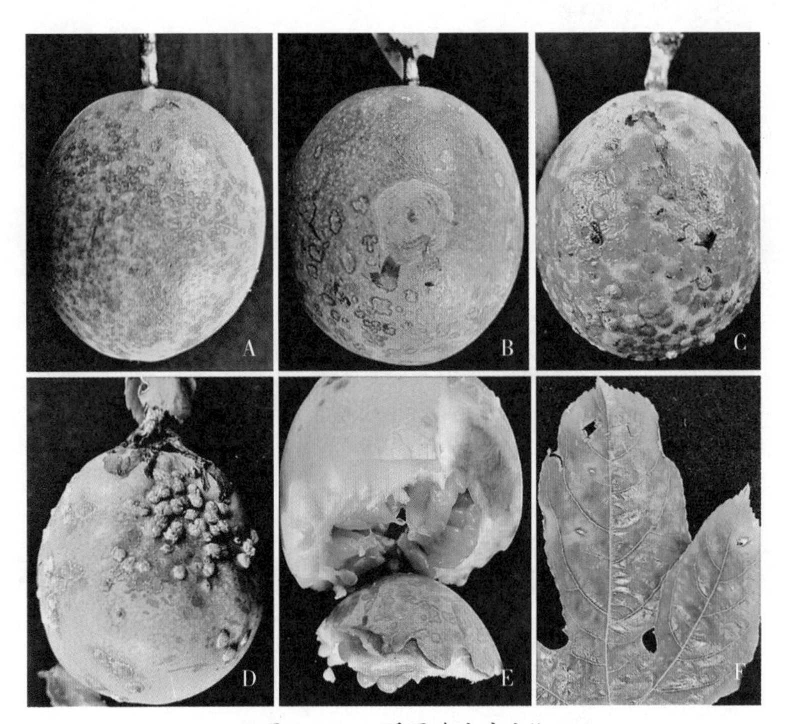

图 5–25　百香果溃疡病症状

A、B. 果溃疡病前期；C、D. 果溃疡病中后期；E. 病斑表皮下果肉变红色；F. 叶片上的溃疡病斑

（3）发病规律

病原细菌在寄主的病组织内越冬，残存于田间的病果病叶是主要的初侵染菌源。田间病害由昆虫、雨水传播，病原细菌通过果树新梢、新叶和幼果的气孔、水孔、皮孔及伤口侵入引起病害。

（4）防控措施

①卫生防疫。适时修剪、清除病叶病果后，喷施杀细菌药剂进行保护，做好

田间卫生。

②减少创伤。注重对螨类、蓟马、实蝇等虫害的防治，减少果面伤口。

③药剂防控。在历年有发生溃疡病的果园，应适时药剂防控。隔 7~10 天 1 次，共 2~3 次。

（五）百香果线虫病

1. 百香果根结线虫病

（1）症状

该病害为害根系。在侧根和营养根的根尖后部或幼嫩部侵染形成根结，根结表面可以产生细小须根，根结后的根组织可能产生次生根，次生根遭受再侵染而形成新的根结。不断重复侵染后导致根系产生大小不等的根结，根系萎缩并形成根结团。受害严重的植株生长衰退，叶片稀少黄化。

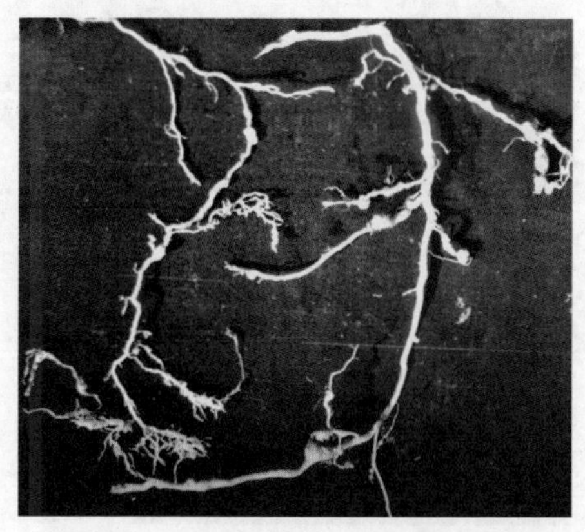

图 5-26　百香果根结线虫病根结形状

（2）病原

侵染百香果的根结线虫是由南方根结线虫和花生根结线虫混合种群，南方根结线虫为优势种。

雌成虫呈梨形，白色；虫体前部有突出的颈部，口针短且明显，有口针基部球；食道发达，排泄孔位于中食道球前；阴门和肛门端生，周围形成具有特征性的会阴花纹；双生殖管，卵巢发达，卵产于体外的胶质状卵囊中。雄虫蠕虫形，头架发达，口针有明显的基部球；尾部短，末端半球形，交合刺发达、近端生，

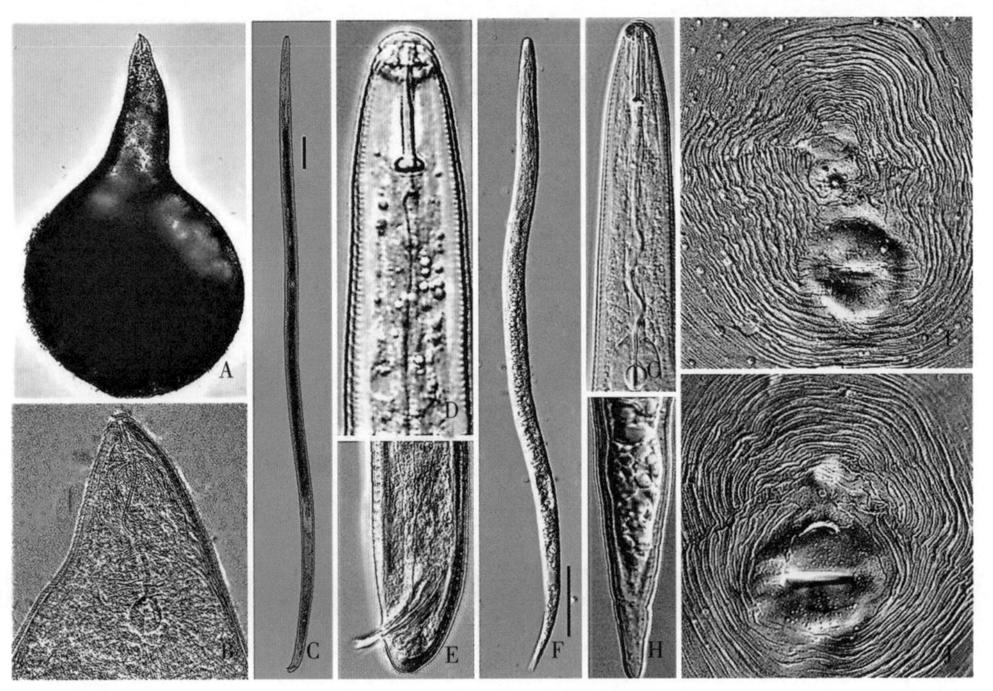

图 5-27　根结线虫形态

A. 雌虫整体；B. 雌虫头部；C. 雄虫；D. 雄虫头部；E. 雄虫尾部；F. 幼虫；G. 幼虫头部；H. 幼虫尾部；I. 南方根结线虫会阴花纹；J. 花生根结线虫会阴花纹

无交合伞。

南方根结线虫：会阴花纹呈卵圆形、椭圆形或近方形；背弓中等至高；线纹粗，平滑到波浪状；侧线不明显，侧线处线纹有分叉，但不形成明显的侧线；侧尾腺口大，其距离等于或长于阴门裂的长度。

花生根结线虫：会阴花纹圆形、卵圆形或近六边形；背弓低，扁平或圆形；线纹粗，平滑到波浪状，稍向侧线延伸，近侧线有短而分叉的线纹，背区与腹区的线纹在侧线处相遇成帽状，向侧面延伸成两个翼的纹；无明显的纹涡。

（3）发病规律

根结线虫主要以卵囊中的卵和卵内的幼虫越冬。残留于田间的病根，带有虫卵和根结的病土，以及得病的块根和球茎是主要初侵染源。线虫在田间靠灌溉水、雨水径流，附于鞋和农具上的带虫土壤进行传播。远距离主要通过病种苗和附于苗木根部的带虫土壤传播。

（4）防控措施

①种植无病苗。选用新鲜的无线虫土壤并经阳光暴晒后用作育苗土，育苗地或育苗土也可以用杀线虫剂处理。购买或引进百香果苗时要加强对根结线虫的检测。

②栽培防病。选用前作无根结线虫病的地块种植百香果。移栽定植时用有机肥作基肥，沿海地区可施用虾壳、蟹壳、牡蛎壳土壤调理剂，改善土壤微生态，增加益生菌和线虫天敌微生物的种群。

③药剂防控。移栽定植时用合适的杀线虫剂或杀线虫生防菌剂施于根际土壤后覆土。

2. 百香果肾状线虫病

（1）症状

受害植株营养根形成褐色伤痕，后期皮层腐烂剥落、根表开裂形成根腐，营养根生长受阻，病株不产生新根，根系萎缩坏死。受害严重的植株叶片黄化，生长衰退。

（2）病原

肾形肾状线虫：雌雄异形。成熟雌虫膨大为肾形，具有短尾部；双卵巢，阴门位于虫体中后部，卵产于体外胶质物中；虫体前部穿入根内，胶质物呈半球形覆盖虫体。未成熟雌虫游离于土壤中，蠕虫形，头部圆至锥形，中等骨质化；口针中等发达，食道发达，中食道球有瓣膜，食道腺长，覆盖于肠的侧面；阴门位

图 5-28　百香果肾状线虫病的病根形状

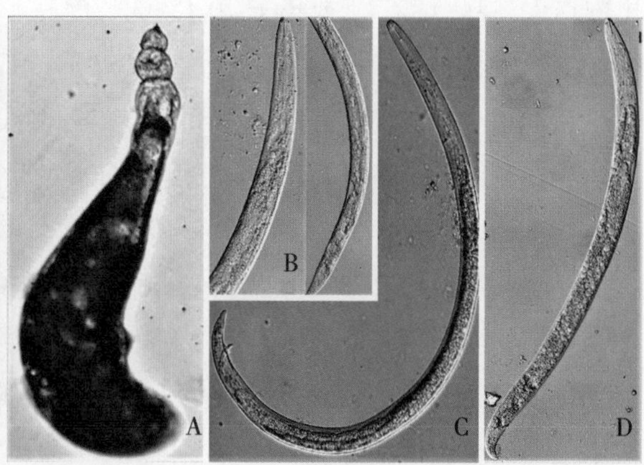

图 5-29　肾形肾状线虫形态
A. 成熟雌虫；B. 未成熟雌虫；C. 雄虫；D. 幼虫

于虫体后部，双生殖管，前端折叠；尾部呈圆锥形，末端圆。雄虫蠕虫形，头部骨质化；口针和食道退化；尾部尖，交合刺弯曲，交合伞不包至尾端。

发病规律和防控措施：参照根结线虫病。

（六）百香果虫害

百香果主要害虫有橘小实蝇、螨类、烟粉虱、蚜虫、蓟马和介壳虫等。除直接取食为害外，蚜虫、烟粉虱等还是病毒病的传播媒介。

1. 橘小实蝇

（1）为害特点

橘小实蝇成虫在百香果果实未成熟前将卵产于果皮下，果皮上残留产卵孔及产卵痕。产卵孔呈褐色小圆点、产卵痕呈锥状小突起。卵孵化后幼虫蛀食果肉、并逐步向内蛀食果瓤。受害果实表皮呈水渍状软化，变褐腐烂，造成落果。

（2）形态特征

成虫体型小、褐色，体长 6.5~7.5 毫米。复眼红褐色，复眼间黄色，单眼 3 个。

图 5-30　橘小实蝇形态

A. 成虫；B. 蛹；C. 幼虫；D. 卵；E、F. 雌虫产卵

图 5-31　橘小实蝇为害状

A~C. 果皮上的产卵痕和产卵孔；D. 果肉和果瓤受害状

胸背面黑褐色，有 2 条黄色纵带；前胸肩胛鲜黄色，中胸背板黑色、较宽，两侧有黄色纵带，小盾片黄色，与上述纵带连成“V”字形。腹部 5 节，赤黄色，有“T”字形横纹。雌虫产卵管发达，由 3 节组成。卵梭形，长约 1 毫米，宽约 0.1 毫米，乳白色。幼虫蛆形，老熟时体长约 10 毫米，黄白色。蛹为围肾，长约 5 毫米，全身黄褐色。

（3）发生规律

橘小实蝇一年发生 3~5 代，以蛹越冬。幼虫在果实内生长发育，成熟幼虫脱出果皮落到地面，然后入土化蛹和为成虫。成虫羽化后经性成熟阶段交配，雌虫寻找寄主产卵为害。橘小实蝇寄主范围广，可以在不同寄主作物之间转移为害。橘小实蝇以幼虫随受害果实的调运而远距离传播。

（4）防控措施

①加强检疫。禁止被害果输入或输出，严防害虫扩散蔓延。

②清除虫源。及时清除虫害落果，摘除树上的虫害果并烧毁。冬季果园深翻灭蛹。

③诱杀成虫。使用实蝇诱捕球、诱捕器和带有性诱剂的黄板［每亩挂 10~20 个（或张），黄板可适量增加数量］诱杀成虫。性诱剂有甲基丁香酚诱饵、水解蛋白毒饵。甲基丁香酚诱饵：在橘小实蝇成虫发生期将甲基丁香酚加杀虫剂（如甲氰菊酯）制成的诱捕器悬挂树上，诱捕橘小实蝇雄虫；水解蛋白毒饵：酵素蛋白和杀虫剂配制成诱杀剂能诱杀橘小实蝇。

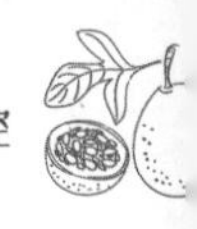

2. 红蜘蛛

红蜘蛛又称朱砂叶螨。

（1）形态特征

雌成螨体长约 500 微米，宽约 300 微米，体椭圆形，锈红色或红褐色，体两侧各有 1 个黑斑，有时黑斑分成前后两块。后半体表皮构成棱形图形。气门沟末端呈“V”字形弯曲。足 4 对。雄体长约 400 微米，其形态特征同雌体。

图 5-32　百香果叶片红蜘蛛及为害状

（2）为害特点

成螨、若螨聚集在叶背面，刺吸汁液，并吐丝结网。受害叶片的正面呈现黄白色斑点，逐渐转为红色至锈红色。叶片受害严重时焦枯脱落，甚至整株枯死。

（3）发生规律

红蜘蛛发育最适温度为 25~30℃，最适空气相对湿度为 35%~55%，高温低湿的 6~7 月为害重，干旱年份易于大发生。

（4）防控措施

发生初期，可用合适农药喷施。

3. 潜叶蝇

（1）形态特征

成虫体暗灰色，复眼红褐色至黑褐色。体上被有稀疏刚毛。翅 1 对，透明，有紫色闪光。足黑色，腿节端部黄色。卵长椭圆形，乳白色。幼虫蛆状，黄白色或鲜黄色。蛹纺锤形，黄褐色，羽化前黑褐色。

图 5-33　百香果叶片潜叶蝇为害状

（2）为害特点

潜叶蝇以幼虫潜入百香果的叶片

或者叶柄内钻蛀取食，造成纵横交错的隧道。叶肉被吃光后引起叶片枯萎。幼虫钻蛀的虫道会影响百香果的光合作用，使叶片逐渐变黄、脱落。

（3）防控措施

果园或苗圃挂黄板诱杀；虫害初现时，选用合适农药喷施，连续用药2~3次。

4. 桃蚜

（1）形态特征

无翅孤雌蚜体黄绿色或红色，腹管长筒形，有瓦纹及缘突，尾片黑褐色，圆锥形，有曲毛6~7根。有翅孤雌蚜头部、胸部黑色，腹部淡绿色，有黑色斑纹。无翅有性雌蚜体色多变，赤褐色、灰褐色、暗绿色或橘红色。

图5-34　百香果蚜虫为害状

（2）为害特点

生活于百香果叶背和上部幼嫩部分，成蚜、若蚜以刺吸式口器刺入幼嫩组织中吸食汁液，叶处被害后卷缩、变薄，严重被害的植株生长缓慢。能传播黄瓜花叶病毒（CMV）、马铃薯Y病毒（PVY）和烟草蚀纹病毒（TEV）等多种病毒，

可诱发烟煤病。

（3）防控措施

害虫发生初期，选用合适农药喷施。

5. 蓟马

（1）形态特征

体长 1.2~1.4 毫米，体色自浅黄色至深褐色不等。前翅略黄，腹部第 2~8 背板前缘线黑褐色。

（2）为害特点

蓟马以成虫和若虫锉吸植株幼嫩组织汁液，如枝梢、叶片、花、果实等，被害的嫩叶、嫩梢变硬卷曲枯萎。百香果幼果被害后会硬化，产生银白色疤痕，后期转为褐色疤痕；为害严重时造成落果，严重影响产量和品质。

（3）防控措施

果园用含蓟马信息素粘板诱杀蓟马，每亩悬挂 25~30 张；蓟马为害初期，可选用合适的农药喷施。

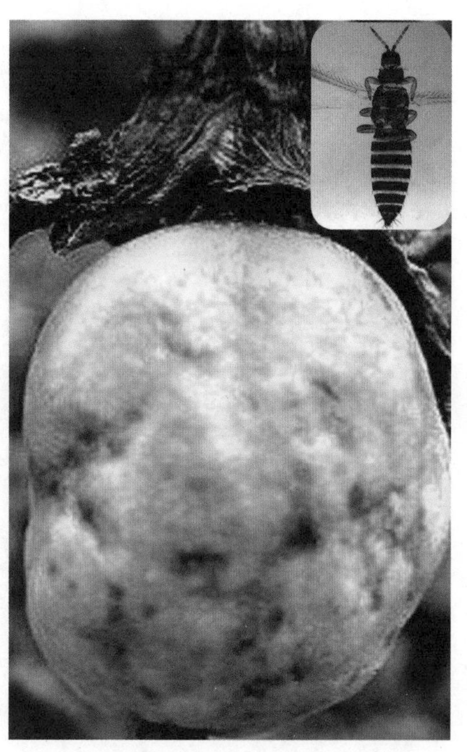

图 5-35　百香果果实蓟马及为害状

6. 烟粉虱

（1）形态特征

成虫体长 0.85~0.91 毫米，体淡黄色，翅 2 对，白色无斑点，被有白色蜡粉，静止时左右翅合拢呈屋脊状，雌虫尾部尖、雄虫尾部钳状。卵呈椭圆形，顶部尖，端部有卵柄，卵柄通过产卵器插入叶表裂缝中。若虫有 4 个龄期，初孵若虫椭圆形、扁平，有足和触角，2 龄以后足和触角退化。伪蛹黄色或橙黄色，椭圆形。

（2）为害特点

烟粉虱以若虫和成虫群集于植株上部嫩叶背面吸食汁液，其唾液能使叶绿体和淀粉遭到破坏，有时使细胞质壁分离，受害叶片常产生褪绿斑点，其排泄物含大量糖分，常导致霉菌寄生，阻碍叶片光合作用的进行。此外烟粉虱还可传播多种病毒病。

（3）防控措施

应用黄色粘虫板诱杀成虫；在卵盛孵期、低龄若虫期和虫害始发期，选用合适农药进行喷施。

图 5-36　百香果叶片烟粉虱及为害状

六、百香果采后商品化处理技术

（一）采收

1. 采收成熟度的确定

采收成熟度的判断主要根据产品种类和品种特性及其生长发育规律，结合形态学和生理学指标确定。目前，百香果主要依据果实表面色泽、生长期、主要内含物（可溶性固形物、可滴定酸等）含量等作为采收成熟度的重要指标。

（1）百香果果面色泽变化

百香果成熟过程是底色（叶绿素）降解和面色（花青素等）合成的结果，随着果实发育成熟，果皮绿色逐渐减少，底色（紫果、黄果）逐渐增加，果皮色泽是作为判断果实成熟度的重要标志之一。福建百香果 1 号、2 号（紫果）宜在果皮表面 3/4 紫色、1/4 绿色采摘，福建百香果 3 号（黄果）宜在果皮表面 3/4 黄色、1/4 绿色采摘，此时采收果实风味最好。

（2）生长期

不同种类百香果，从盛花期到果实成熟都有一定的生长期，生产上可以根据不同栽培地的气候条件和栽植经验确定果实采收的平均生长期。百香果一般从每年 8~11 月边结果边成熟，福建百香果 1 号和 2 号采摘时间因开花季节而异，5~6 月开的花，花后 40~60 天；7~8 月开的花，花后需 60~80 天；9 月开的花，需要 80~90 天。适时采收可有效预防百香果在近距离销售出现后熟效果不明显或过熟腐烂等问题。

（3）主要内含物含量

果实在生长、成熟过程中，其主要的化学物质如糖、淀粉、有机酸、可溶性固形物的含量不断地发生变化。根据它们的含量和变化规律可以作为衡量果实品

质和成熟度的标志。由于百香果果实酸含量较高，可溶性固形物的含量不能反映果实的品质变化，常用固酸比和可滴定酸作为判断采摘时期的依据。生产上福建百香果 1 号果实固酸比≥ 5、可滴定酸＜ 2.5%，福建百香果 3 号果实固酸比≥ 10、可滴定酸＜ 1.5%，此时果实的成熟度可以作为采收依据。

2. 采收方法

园艺产品的采收方法分为人工采收和机械采收两种。以新鲜园艺产品的形式进行销售的，基本都采用人工采收，百香果也以人工采收为主。

（1）人工采收

百香果依据果实成熟度分期分批采收，一般选择在晨露消失、天气晴朗的午前进行，采后产品及时进行预冷以散发田间热和呼吸热。采收时如遇阴雨天或露水未干，导致产品含水量过高，表面湿度大易被微生物侵染且容易造成机械伤；晴天中午或午后采收会使产品温度过高，田间热和呼吸热不易散发，呼吸消耗大并造成果实腐烂。

人工采收要尽量不损伤果实，做到轻拿轻放，尽量减少转换筐的次数，防止指甲伤、碰伤、擦伤和压伤等，减少人为的机械损伤。果实采收时防止折断果枝、碰掉花芽或幼果，以免影响后续产量。

图 6-1 人工采收

采收注意事项：一戴手套采收，可有效减少采收过程指甲对产品造成划伤。二是选用适宜的采收果剪，防止从植株上用力拉、扒产品，有效减少产品机械损伤。三是用采收袋或采收篮进行装果。四是周转箱大小适中，周转箱过小容量有限，加大运输成本；周转箱过大容易造成底部产品压伤，一般以 15~20 千克为宜；周

转箱应光滑平整，防止对产品造成刺伤。目前，百香果采收的周转箱以竹筐为主，要注意铺设一层衬纸，减少对产品的损伤。宜推广防水纸箱、泡沫箱和塑料周转箱等。

（2）机械采收

机械采收适合于成熟时果梗与果枝间容易形成离层的果实，省时省力，可降低采收成本，但机械采收不能进行选择性采收，易造成产品机械损伤，影响产品质量、商品价值与耐贮性。有效的机械采收需要许多与人工采收不同的技术，如果实同时成熟达到机械采收的标准，且采收机械设备价格昂贵、投资较大，需达到相当规模才有较好的经济效益。目前百香果还不能完全采用机械采收，一些科研人员正在研发依据果皮色泽判断成熟度的智慧采收装备。

（二）采后商品化处理

百香果采后到贮藏、运输前，根据种类品种、贮藏时间、运输方式及销售目标，还需要进行一系列的处理，这些处理对减少采后损失、提高百香果果实的商品性和耐贮运性能具有十分重要的作用。百香果的采后处理过程主要包括整理、挑选、预冷、清洗、分级、包装等环节。

1. 整理与挑选

整理与挑选是百香果采后处理的第一步，目的是剔除有机械伤、病虫危害、外观畸形等不符合商品要求的产品，以便改进产品的外观，改善商品形象，便于包装贮运。

百香果果实从田间收获后，往往带有残叶、败叶、泥土、病虫污染等，必须进行适当的处理，称为整理。因为受这些污染的果实，不仅没有商品价值，严重影响其外观和商品质量，而且携带有大量的微生物孢子和虫卵等有害物质，会成为采后病虫害感染的传播源，引起采后果实的大量腐烂损失。

挑选是在整理的基础上，进一步剔除受病虫害侵染和受机械损伤的产品。受伤百香果果实易受病虫、微生物感染而发生腐烂，挑出病虫感染和受伤的果实，可减少产品的带菌量和产品受病菌侵染的机会。挑选一般采用人工方法进行，戴手套，注意轻拿轻放，尽量剔除受伤果实，尽量防止造成新的机械伤害。

图 6-2　百香果分级前人工挑选及摩擦清洗

2. 预冷

（1）预冷作用

预冷是指新鲜采收的百香果在运输、贮藏或加工前迅速除去田间热和呼吸热，将其温度降低到适宜温度，以降低果实呼吸代谢速率的过程。预冷可以延缓百香果果实成熟和品质劣变的过程，同时可节省运输和贮藏中的制冷负荷，是保证果实质量、节约能源的一项重要措施。最好产地采后立即进行预冷处理，后期只需要较少的冷却能力和隔热措施就可达到减缓百香果果实呼吸，减少微生物侵袭，保持新鲜度和品质的目的。

（2）预冷方式

预冷的方式一般分为自然降温预冷和人工预冷。人工预冷包括水冷却、冷库空气预冷和强制通风冷却等方式。

①自然降温冷却。自然降温冷却是最简单易行的预冷方法。将采收的百香果果实放在阴凉通风的地方，使其自然散热。这种方式冷却的时间较长，受环境条件影响大，难以达到产品所需要的预冷温度，但是在没有更好的预冷条件时，自然冷却是一种应用较普遍的方法。目前产区百香果普遍采用自然降温冷却。

②水冷却。水冷却是用冷水冲、淋产品，或者将产品浸在冷水中，使产品降温的一种冷却方式。由于产品的温度会使水温上升，因此冷却水的温度在不使产品受冷害的情况下要尽量低一些，一般0~1℃。水冷却包括流水系统和传送带系统。水冷却器中的水循环使用，为避免水中病原微生物的积累，一般会加入消毒剂，

如次氯酸或氯气消毒。目前产区百香果很少使用水冷却预冷，有条件的可以尝试后再推广。

③冷库空气预冷。将产品放在冷库中降温的一种冷却方法。产品堆码时包装容器间应留有适当间隙，保证气流通过。冷库空气冷却时果实容易失水，大于等于 95% 的空气相对湿度可以减少果实失水量。目前只有一些产区百香果有使用冷库空气预冷。

④强制通风冷却。在包装箱或垛的两个侧面造成空气压力差而进行的冷却，当压差不同的空气经过货堆或集装箱时，将果实散发的热量带走。强制通风冷却耗能少、效果好，一般强制高速空气的速度以 5 米 / 秒为好，大批量百香果预冷可以采用强制通风冷却。

（3）预冷注意事项

①预冷要及时，必须在采收后尽快进行预冷处理，因此需配套建设降温冷却设施。

②根据百香果产地的条件选用适当的预冷方法。

③为提高冷却效果，要及时冷却和快速冷却，并掌握适当的预冷温度和速度。冷却的最终温度应在冷害温度以上，避免造成冷害和冻害。预冷温度以接近最适贮藏温度为宜，如福建百香果 1 号以 7~10℃为宜。

④预冷后处理要适当。百香果果实预冷后要在适宜的贮藏温度下及时进行贮运，不能由预冷的温度转移到常温下贮运，若仍在常温下贮藏运输，不仅达不到预冷目的，甚至会加速腐烂变质。

3. 清洗

田间采收的百香果果实表面附着大量的灰尘和病菌甚至污染物，清洗表面的灰尘和病菌等有利于延缓产品腐烂，维持果实较好的商品性。清洗多采用机械进行，分为干洗和湿洗两种。干洗采用压缩空气或直接摩擦，湿洗一般是用水作为介质，清洗过程应注意清洗用水必须干净卫生，可在水中加入杀菌剂，如次氯酸钠，清洗的同时结合预冷和防腐处理。使用的化学药剂应符合高效、低毒及低残留等要求。果实倒入清洗槽时应尽量轻拿轻放，防止和减少产品的机械伤害。

4. 涂蜡

百香果果实表面有一层天然的蜡质保护层，往往在采后处理或清洗中受到破

坏，导致在贮运过程容易失水变成皱果，因此需要人为地在其表面涂一层蜡质或采用塑料薄膜单果包装。涂蜡不仅增加表面的光泽度，还能改善外观，提高商品价值，延长贮藏期和货架期。蜡液是将蜡微粒均匀地分散在水或油中形成稳定的悬浮液，果蜡的主要成分是天然蜡、合成或天然的高聚物、乳化剂、水和有机溶剂等。果蜡原料必须对人体无害，符合食品添加剂标准。商业上使用的大多数蜡液都以石蜡和巴西棕榈蜡混合作为基础原料，石蜡可以很好地控制失水，巴西棕榈可使果实产生诱人的光泽。含有聚乙烯、合成树脂物质、乳化剂和湿润剂的蜡液材料逐渐被普遍使用，它们常作为杀菌剂的载体或作为防止衰老、生理失调和发芽抑制的载体。

涂蜡方法分为人工涂蜡和机械涂蜡。人工涂蜡是将洗净、风干的果实放入配制好的蜡液中浸透，取出后晾干即可；也可用软刷或棉布等蘸取蜡液，均匀涂于果面上晾干。机械涂蜡多采用喷洒式，采用高压喷雾打蜡，极少量的蜡液就能均匀覆盖整个果实表面，并烘干。两者相比，机械涂蜡效率高，涂抹均匀，果面光洁度好，果面蜡层用量易于控制。

涂蜡在提高果实光泽度的同时也影响着果实的风味品质，对果实风味的影响主要体现在果实内部因缺氧代谢导致的乙醇和乙醛的积累。当果实内部 O_2 含量低于果实呼吸所需要的阈值，CO_2 含量高于果实忍耐极限值，果实则发生无氧呼吸，导致果实劣变。因此，涂蜡有一定的技术要求，广西壮族自治区农业科学院农产品加工研究所发明了一种百香果采后防皱保鲜的方法，具体包括筛选、消毒、蜡封、缓释包膜和包装贮藏。该方法中果实蜡封的复合保鲜果蜡液蜡膜成分包括虫胶、0.3%~0.5%改性纳米二氧化硅粉、0.6%~0.8%乙烯吸附清除剂、0.1%~0.3%卵磷脂、0.6%~0.9%复合植物精油。通过对果蜡的改性，提高了果蜡的黏附力、湿润性和气调性能，克服了蜡膜透气性大、失水率高、黏附力弱、容易脱落等缺陷。

5. 分级

百香果果实分级是指依据其外观品质和内在品质两个方面，按照一定标准分为不同等级的操作过程。外观品质主要包括产品的大小规格、形状、颜色、表面机械伤与病虫缺陷等；内在品质主要包括糖、酸、芳香物质含量等。

百香果在生产栽培中受自然、人为因素的影响和制约，果实品质存在较大差异；收获后百香果果实的大小、重量、形状、色泽、成熟度等很难达到一致要求。

分级是提高百香果果实商品质量和实现商品化的重要手段，且便于产品的包装和运输；也是产品采后商品化、标准化的一个重要手段，是提升果品市场竞争力的基础。

（1）分级方法

①人工分级。人工分级主要有两种，一种是仅通过人的视觉，对百香果的颜色、大小等外在品质进行分级；另一种是采用选果板和色卡分级，利用选果板上一系列直径大小不同的孔和色卡上的色阶，根据百香果横径和着色进行分级。人工分级可减轻果实机械损伤，但工作效率低，分级不够严格，只能按照外观品质分级，无法按照内在品质分级。

②机械分级。机械分级按质量、形状、颜色等不同等级进行分选，同时可在线检测产品的内在品质。机械分级速度快，分级标准严格，主要适用于像百香果这种不易受损伤的果蔬产品。

图 6-3　百香果机械分级装置

质量分级装置：根据果实质量进行单指标判断，精度可靠。主要有机械秤式和电子秤式。目前百香果分级主要采用此方式。

形状分级装置：按照果实的形状大小分选，如直径、长度等参数，主要有机械式和光电式分选装置。

色泽分选装置：根据果实的颜色进行分选。利用彩色摄像机和电子计算机处理红绿色型装置或红绿蓝复色型装置，根据测定装置所测出的产品表面反射的红色光与绿色光的相对强度判断果实的成熟度和等级。

计算机视觉分级系统：采用超高分辨率工业级数字摄像头及独特的LED光源系统进行全息数据采集，并对果实视觉综合特征进行检测和分析，获取高质量大数据图像信息，可对果实表面颜色、大小、形状、体积、密度、果皮褶皱、腐烂等指标进行精准分选，还可在线无损检测糖等内在品质指标。随着产品研发的不断深入，成套设备价格可能会逐渐降低，今后在百香果分级和品质鉴定上的应用值得期待。

（2）分级标准

园艺产品的分级标准有国际标准、国家标准、行业标准、地方标准、协会标准及企业标准等。在我国，以《标准化法》为依据，将标准分为四级：国家标准、行业标准、地方标准和企业标准。

水果的国际标准是1954年在日内瓦由欧共体制定的，目的是促进经济合作与发展。水果分级标准因种类、品种的不同而不同，通常在果形、新鲜度、颜色、品质、病虫害及机械伤等符合条件的基础上，再按照果实的大小进行分级。我国制定了百香果质量分级的国家标准——GB/T 40748—2021《百香果质量分级》，规定了百香果的分级要求、检验方法、检验规则、包装、标志、运输和贮藏的要求（表6–1）。福建农林大学根据福建百香果品种的不同，提出了更加精细的数量性状分级标准（表6–2和表6–3）。

表6–1　百香果质量分级

项目		分级		
		特级	一级	二级
感官要求	基本要求	无病斑、腐烂、变质及异味；果实完整，新鲜洁净，无不正常的外部水分，无空囊、脱囊；具有百香果特有的芳香		
	色泽	具有本品种成熟时应有的色泽，色泽均匀		
	果形	具有本品种特有的形状，果形端正，形状整齐		
	缺陷	无皱缩，允许轻微的碰压伤或磨伤不超过1处	无皱缩，允许不影响果浆质量的刺伤、碰压伤或磨伤不超过3项	允许不影响果浆质量的刺伤、皱缩、碰压伤或磨伤，果面缺陷的总面积不超过2.0厘米^2

续表

项目		分级		
		特级	一级	二级
理化要求	可溶性固形物含量（%）	≥ 17.0	≥ 16.0	≥ 15.0
	可食率（%）	≥ 45		≥ 40
规格		大（L）	中（M）	小（S）
单果重（g）		＞ 90	65~90	＜ 65

表 6-2　福建百香果 1 号果实质量分级标准

指标	特等	一等	二等	三等	四等
单果重（克）	≥ 90.0	≥ 80.0，＜ 90.0	≥ 70.0，＜ 80.0	≥ 60，＜ 70.0	＜ 60.0
固酸比	≥ 20	≥ 13	≥ 7	≥ 5	＜ 5
可滴定酸(克/千克)	＜ 10.0	＜ 14.0	＜ 19.0	＜ 25.0	≥ 25.0
横径（毫米）	≥ 63.0	≥ 62.0	≥ 60.0	≥ 58.0	＜ 58.0

表 6-3　福建百香果 3 号果实质量分级标准

项目名称	特等	一等	二等	三等
单果重（克）	≥ 105.0	≥ 85，＜ 105.0	≥ 70.0，＜ 85.0	＜ 70.0
固酸比	≥ 25	≥ 19	≥ 16	≥ 10
可滴定酸（克 / 千克）	＜ 6.0	＜ 8.5	＜ 11	＞ 13
横径（毫米）	≥ 65.0	≥ 62.0	≥ 60.0	＜ 57.0

6. 包装

园艺产品包装是使产品标准化、商品化，保证安全运输和贮藏的重要措施。根据国家标准 GB 4122.1—2008《包装术语第 1 部分：基础》，包装是指为在流通过程中保护产品，方便贮运，促进销售，按一定技术方法而采用的容器、材料及辅助物品的总称，也指为了达到上述目的而采用的容器、材料和辅助物的过程中施加一定技术方法等的操作活动。

包装包括销售包装（内包装）与运输包装（外包装）等。包装材料包括纸、纸板、塑料、复合材料及其他材料等。

（1）外包装

外包装要求耐压、美观、清洁、无异味、不含有害化学物质，并且内壁光滑、干净卫生、质量轻、成本低、易于获得及回收处理等，同时要标明商品名称、产地、商标、包装日期等。此外，百香果包装还应满足以下要求：具有足够的机械强度，能够在运输、装卸及堆码过程中保护果实；具有较好的通透性，利于产品在贮藏或运输过程中进行气体交换及热量交换；具有较好防潮性，避免容器吸水变形导致果实受伤腐烂。

适用于百香果外包装的容器主要有条筐、木箱、瓦楞纸箱、塑料箱、泡沫箱、钙塑箱等。瓦楞纸箱是目前园艺产品最主要的外包装，泡沫箱是近年园艺产品流通中常见的一种外包装。

图 6-4　百香果塑料箱和泡沫箱装箱

（2）内包装

内包装可防止产品受振荡、碰撞、摩擦而引起的机械伤害，还具有一定的防失水、调节小范围气体成分浓度的作用。常见的内包装材料包括泡沫塑料、纸、塑料薄膜等。

（3）包装方法

百香果包装方法一般包括定位包装、散装和捆扎后包装等。包装方法均要求果实在包装容器内按照一定的形式进行排列，避免相互碰撞，保证包装内通风换气。

图 6-5　百香果内包装形式

批发或零售环节销售的百香果小包装，通常选择薄膜袋或带孔塑料袋包装。长途运输百香果需用纸包装，并由内向外按序排列装满筐后，再盖两层毛边纸及足够填充物，盖好筐后铁丝捆绑结实。外销百香果要求更高，用纸箱、钙塑箱或木箱包装。

图 6-6　零售带孔网状袋包装

7. 贮藏保鲜

百香果保鲜有冷藏、热处理、自发气调等方式。

在温度 8℃左右，空气相对湿度 90%~95% 条件下，采用多层共挤聚烯烃热收缩薄膜保鲜袋包装的百香果能较好地维持果实品质。有研究表明，百香果 55℃热水处理 2 分钟能显著降低贮藏期间百香果果实呼吸强度，延缓维生素 C 和可滴定酸含量的下降，对百香果贮藏品质维持效果最好。

自发气调袋保鲜，通过自发调控袋内微环境中气体比率，达到增强果蔬保鲜的目的。自发气调袋具有无毒、保湿、操作简单、效果好、成本低等特点，现已大量应用于各种果蔬保鲜领域。有研究表明，低温下贮藏百香果的保鲜装以PE30袋为宜，其形成的微环境在延缓果实生理活性、保持营养含量方面效果好。

不同保鲜方法均存在一些不足之处，涂膜和热处理工时过大，且短时间内难以将表面水分蒸发，导致实用性较差；低温下直接摆放贮藏容易造成果实失水严重，且温度过低易造成冷害。自发气调袋保鲜是目前常用的保鲜方法，但夏季气温高不太适合。

七、百香果加工及综合利用

（一）百香果营养成分与加工特性

百香果是全球最常见的食用水果之一，广泛种植于南美洲、东南亚、中国南部省份（如福建、广东、广西等）和其他地区。因其果汁散发出草莓、柠檬、杧果、菠萝、香蕉、石榴、酸梅等百余种水果的香味而又被誉为“百香果”，为典型的热带、亚热带浆果。

1. 百香果营养成分

百香果果实营养丰富，香气独特，富含糖分、矿物质、有机酸、维生素、蛋白、膳食纤维和果胶等，是天然浓缩汁和天然香料，有“果汁之王”的美誉。据测定，100 克百香果可食部分含有蛋白质 0.7 克、脂肪 0.2 克、碳水化合物 13.7 克、纤维素 0.2 克、灰分 0.3 克、钙 3.8 毫克、磷 24.6 毫克、铁 0.4 毫克、维生素 A 717 毫克、维生素 B_1 0.1 毫克、维生素 B_3 2.2 毫克、维生素 C 49 毫克、水分 84%。百香果果汁含量占果重 30%~40%，富含 17 种以上氨基酸，其中 22% 为人体必需氨基酸。国内外学者通过相关实验表明，百香果果浆、果皮均具有一些药用价值，例如百香果果皮具有抗高血压、治疗哮喘、降低胰岛素、缓解膝盖疼痛等功效。Reza Farid 等研究表明，百香果果皮提取物（PFP）可缓解膝骨关节炎，可能是由于其具抗氧化性和抗炎性。Eliziane Mieko Knota 等分析了黄果百香果果肉具有抗氧化功效，可能是由于其富含抗坏血酸、类胡萝卜素、总黄酮、多酚。百香果果皮富含果胶、膳食纤维、矿物质元素，以及花青素、胡萝卜素、类黄酮等多种天然活性成分。

2. 百香果加工特性

百香果色泽清爽悦目，具有独特风味和口感，对热有化学稳定性，适合加工纯果汁及混合果汁。以百香果果汁和茶为原料研发的果茶保健饮料，兼有两者的香味，还具有防治早老性阿尔茨海默病、降低胆固醇和血压等功效。百香果果汁与其他水果蔬菜汁配制成复合饮料，如菠萝、草莓、梨、苹果和胡萝卜汁等，能改善百香果原汁酸味口感，提高饮料维生素含量。利用百香果果汁进行发酵，不但能解决储藏问题，还能使其含有的有机酸和醇类结合形成芳香酯类增香物质，研制出的产品质地均匀细腻、酸味柔和、营养丰富，并具有浓郁独特的百香果香味。此外，百香果还可加工制成果酱、果醋、果酒等系列产品。百香果的果皮占新鲜水果的50%~60%，含有丰富的生物活性物质和多糖，其中果胶含量为15~20克/100克（干基），适合用于加工软糖、果脯、提取果胶及直接作为果汁饮料的增稠剂使用。果籽占果实质量的6%~12%，果籽中脂肪含量约为30%，其中脂肪酸主要成分为亚油酸、油酸、棕榈酸等。同时，百香果果籽油中还富含类胡萝卜素和酚类化合物等多种抗氧化活性成分，是一种优质的植物油资源，适合用于提炼精油。

据调查，目前百香果常见的加工产品类型有：①果皮加工品：有果脯、果干等；②果汁加工品：果肉派（软糖）、冲剂、馅料、复合果汁饮料、速冻果汁、果膏、果冻、果酱、原浆及冻干百香果等。

（二）百香果果汁饮料加工

目前已知百香果果汁含有超过135种香味物质，主要成分为丁酸乙酯、乙酸乙酯、丁酸己酯和己酸己酯，占总芳香物质的95%，是果汁饮料、冰激凌、点心、果冻等各类产品增香及改善产品风味、口感的重要调味剂，是果汁饮品必不可缺的原料之一。

1. 百香果果实原浆加工工艺

（1）工艺流程

百香果果实采收—选果—洗果—破果分离—榨汁—胶磨—均质—脱气—杀菌—无菌灌装—无菌大袋无菌灌装封盖—外包装—检验—贴标—成品。

（2）工艺要求

果实采收：果实采下后，立即装入塑料编织袋或箩筐等运至加工厂，在一周内完成加工处理。

选果：除去病烂果、干缩果，以及枯枝和残叶等杂质，同时除去青绿色未熟果实，以保证榨汁的质量。

洗果：洗果采用高压喷洗结合人工刷洗。为节约用水，洗果池设计成梯式三级洗果池。洗果时，果实先进入第一级洗果池清洗，然后依次往上进入二、三级洗果池清洗。三级（最上一级）洗果池用过的水，可往下流入二级、一级洗果池，可重复利用一次。

破果分离：果实经 PSJ-30 型破果分离机作用，使果皮与胚囊和果汁分离。破果分离机只将果皮挤成裂口，使包裹着黑色或暗褐色种子的胚囊及果汁从果皮中挤出而进入带式榨汁机，果皮和种子不被破坏，避免了果皮中的苦味成分进入果汁，同时榨汁后剩下的完好种子得以再利用。

榨汁：榨汁采用 DGJ-05 型带式果实榨汁机。榨汁机所用滤带宽度为 1200 毫米，滤带孔径为 68 目，滤带最大张力为 1500 千克。滤带中的果汁和胚囊随滤带绕过多级榨辊和驱动辊，在滤带张力的作用下将汁液榨出。出汁率为 25%~30%。

胶磨：榨出的果浆立即泵入 JMS-130 型胶体磨进行胶磨。胶磨时间为 15~20 分钟。

均质：经胶磨后的果浆立即泵入 GYB1000-3S 型高压均质机进行均质。均质压力为 25 兆帕。

脱气：为了脱除果浆中的空气，避免空气引起果浆色泽的褐变反应和维生素的氧化损失，均质后的果浆立即进入 TQ-2.5 型真空脱气机进行脱气。脱气真空度为 0.065~0.070 兆帕，脱气时间为 30 分钟。

杀菌：经脱气后的果浆立即泵入 GCM-4 型超高温瞬时灭菌机杀菌。杀菌温度为 95~100℃，时间为 10~15 秒。

无菌灌装和封盖：杀菌后的果浆先泵入 WK-1000 型无菌贮罐，然后再供给 YWZJ-21A 型液体无菌自动灌装机动作。灌装所用包装材料为 25 千克装无菌铝塑复合袋，复合袋在出厂时经钴 60 照射杀菌，并且袋盖密封牢固，人力不易开启。

外包装：无菌铝塑复合袋灌装好果浆后，为方便贮运，防止复合袋被尖硬物刺破，复合袋外还需加外包装。外包装采用特制方形塑料桶或瓦楞纸箱。

检验、贴标及贮藏：外包装处理完的百香果果实原浆，经抽检合格后，贴上商标及标签即为成品。成品贮藏在 -18~-12℃条件下保质 2 年，贮藏在常温下可保质 1 年。

（3）产品质量标准

①感官指标。

色泽：橙黄色。

组织形态：外观呈均匀的混浊状态，无黑点杂质。久置后允许果肉下沉，但经摇动后仍应恢复均匀的混浊状态，不能有摇不散的结块出现。

滋味及气味：具有强烈的百香果果汁的特有滋味和香气，无其他异味。

②理化指标。可溶性固形物含量 16%~20%（GB 1214.1–1989 折光计法测定），总酸（以柠檬酸计）2%~5%，总糖（以转化糖计）7%~11%。

图 7–1　百香果果实原浆

③卫生指标。无致病菌及因微生物作用所引起的腐败象征，重金属含量符合 GB 11671《果蔬类罐头食品卫生标准》规定。

2. 冷冻百香果浆加工工艺

（1）工艺流程

原料验收—挑选与处理—清洗消毒—去皮取浆—杀菌或不杀菌—内包装—冻结—异物探测—外包装—入库贮藏。

（2）工艺要求

①原料验收。新鲜百香果宜用筐或箱装运，以减少机械损伤，果实横径应≥ 25 毫米，成熟度应达到六成熟及以上。每一批次的百香果原料应进行验收，验收合格方可接受和加工。

②挑选与处理。验收后的原料应选择新鲜、表皮不皱缩或轻微皱缩的果实，允许存在不影响果汁质量的果面缺陷，剔除异臭及异味，腐烂、虫蛀、损伤严重的果实，应按成熟度大小分类并用塑料筐装运。

果实表皮色度达到 4 度以上的应尽快加工。果实表皮色度未达到 4 度的应先进行后熟处理，宜在保温房中集中堆垛，高度不宜超过 6 层，以能抗挤压和提取方便为宜，温度 25~30℃，空气相对湿度 90% 以上，保持 1~3 天，直至果实表皮色度达到 4 度以上为止。

③清洗消毒。宜采用水果清洗消毒生产线进行百香果果皮的清洗消毒，清洗用水宜采用流动水。清洗消毒过程宜先进行水洗，然后用消毒液清洗 1~5 分钟，再用清水二次清洗，最后沥干。消毒液宜选用浓度为 100~300 毫克 / 升的次氯酸钠溶液或二氧化氯溶液，或浓度为 0.1~0.3 毫克 / 升的臭氧水。

④去皮取浆。清洗消毒后的百香果，宜在不高于 25℃的车间内取浆，卫生管理应符合 GB 14881《食品生产通用卫生规范》的要求，应保证生产环境卫生和人员作业卫生。去籽果浆加工宜采用全自动去皮去籽打浆机进行加工。

采用半自动机械作业时，去除百香果皮蜡质层宜采用半自动机械去皮机；果实切半挖浆时，宜选用半自动切半机切半，然后进行人工挖浆去皮；也可以选用全自动切半去皮挖浆机分离带籽果浆和果皮。人工挖浆去皮时，挖浆工人挖完一盆果浆后必须更换清洁干燥的挖浆工具，且果浆从挖浆到传送至下一工段的时间不应超过 1 小时。

收集的带籽果浆宜采用机械输送到去籽打浆机中分离果浆和果籽。

分离获得的果浆宜尽快降温，使温度低于 10℃，并在该温度下尽快进行内包装。包装前应对果浆进行检测，确保质量符合要求。

⑤杀菌。热杀菌宜采用巴氏杀菌工艺，杀菌温度为 70~95℃，时间为 5~180 秒；杀菌设备应具备连续杀菌和冷却功能，在杀菌结束后应立即将果浆冷却到 10℃以下，并尽快包装。冷杀菌宜采用超高压杀菌工艺，杀菌压力≥ 600 兆帕，杀菌时间为 20~300 秒，杀菌温度≤ 50℃。

⑥内包装。包装材料需进行解外袋并消毒后才可进入内包装工段。通过灌装设备将果浆分装入内包装容器中并立即封口，灌装设备宜选用自动灌装机，灌装和内包装过程果浆温度宜低于 10℃。内包装材料应符合相关标准规定。产品的包装规格根据客户要求确定。

⑦冻结。内包装后的果浆应在 30~400 分钟内冻结。冻结结束时产品中心温度应达到 –18℃以下。

⑧异物探测。外包装前，应对产品进行异物探测，探测到含有金属或其他杂质的产品应隔离另行处理。

⑨外包装。产品应在清洁的环境下进行外包装。外包装材料应清洁、坚固、防潮、无毒、无异味、质量符合相关标准规定。预包装产品标签应符合《预包装食品标签通则》GB 7718 的规定。产品外包装的包装储运图示标志应符合 GB/T

191《包装储运图示标志》的规定。

⑩贮藏。应符合 DBS 45/059—2019《食品安全地方标准　食品工业用冷冻水果浆（汁）》的规定。

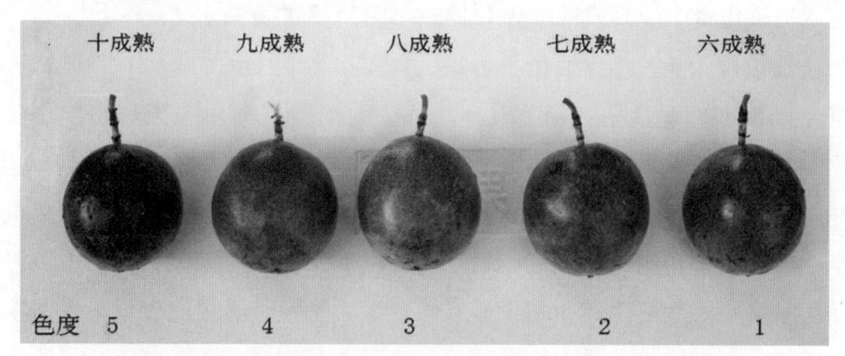

图 7-2　紫果型杂交种百香果依据果皮色度评价果实成熟度的方法

3. 百香果复合果汁加工工艺

百香果果汁具有强烈独特的芳香风味，国外复合果蔬汁多以百香果原汁或浓缩汁作为橙汁、苹果汁、菠萝汁、梨汁、杧果汁、番石榴汁、草莓汁等的增香剂，用于改善产品的风味和口感。

（1）胡萝卜百香果汁复合饮料加工工艺

①工艺流程。

胡萝卜原汁：挑选—清洗—去皮—切分—烫漂—打浆—酶解—过滤。

百香果原汁：选果—清洗—取汁、过滤。

胡萝卜百香果复合饮料：

胡萝卜原汁与百香果原汁混合与调配—均质—脱气
- —杀菌—冷灌装。
- —杀菌—热灌装。
- —灌装—杀菌。

②工艺要求。

A. 胡萝卜原汁。

挑选：选用新鲜，无机械伤的胡萝卜，剔除虫害、腐烂、畸形的胡萝卜。

清洗：将胡萝卜用流动水冲洗干净，除去表面沾染的尘土、泥沙、杂质等，沥干。

去皮：碱液浓度 3%~4%，温度 90~95℃，时间 10 秒。碱液去皮后，清水漂

洗至中性为止。

切分：宜将清洗且沥干后的胡萝卜切成规格为 0.5~1 厘米 ^{3} 的块状。

烫漂：将切好后的胡萝卜块放在 90~100℃热水中烫漂 1~3 分钟，沥干。

打浆：将烫漂后的胡萝卜块放入打浆机中，添加 2~3 倍的水进行打浆。

酶解：分别加入 0.1%、0.15%的纤维素酶和果胶酶，酶解温度 40~55℃，酶解时间 120~150 分钟。

过滤：将酶解后的胡萝卜浆倒入过滤器过滤得到胡萝卜原汁，备用。

B. 百香果原汁。

选果：选用成熟度为 80%以上，新鲜良好、风味正常、无病虫害、无腐烂的百香果。

清洗：将百香果用流动水冲洗干净，除去果皮表面沾染的尘土、泥沙、杂质等，沥干。

取汁、过滤：用工具将清洗后的百香果切开，取出汁液或采用机械取出汁液，再将汁液经 50~100 目过滤器过滤得到百香果原汁，备用。

C. 胡萝卜百香果复合饮料。

胡萝卜原汁与百香果原汁混合及调配：胡萝卜原汁、百香果原汁按（15~30）：1 的比例混合（原汁总量≥ 5%），根据需要添加白砂糖和柠檬酸及 0.05% ~0.20%果胶、羧甲基纤维素混合剂；果胶、羧甲基纤维素混合剂宜先与白砂糖干混后再添加至混合原汁。

均质：将调配后的混合果汁用均质设备均质 2~3 次，压强 15~25 兆帕，温度 45~55℃。

脱气：采用真空方式脱气，脱气温度 40~50℃、压强 75~80 千帕、脱气 5~10 分钟。

杀菌后冷灌装方式：采用超高温瞬时杀菌，温度 120~130℃，杀菌时间 3~6 秒。果汁经超高温瞬时杀菌后迅速冷却至 5~20℃，在包装容器、空气、灌装设备等均为无菌状态下灌装，包装容器宜采用玻璃瓶、塑料瓶等，应清洁、封装严密、无漏气、无胀漏现象，符合食品安全标准要求和有关规定。

杀菌后热灌装方式：杀菌方式可分为两种，超高温瞬时杀菌：温度 120~130℃，杀菌时间 3~6 秒；高温短时杀菌：温度 95~110℃，杀菌时间 15~30 秒。果汁经超高温瞬时杀菌或高温短时杀菌后降温至 80~90℃，宜采用玻璃瓶、塑料瓶等容器灌装，应清洁、封装严密、无漏气、无胀漏现象，符合食品安全标准要求和有关规定，灌装后将包装容器倒立并保持5~10分钟，然后冷却至室温。

先灌装后杀菌方式：采用玻璃瓶、塑料瓶等容器全自动封盖灌装，包装容器应清洁、封装严密、无漏气、无胀漏现象，符合食品安全标准要求和有关规定。灌装后，采用巴氏杀菌：温度80~90℃，杀菌时间30分钟。

（2）百香果杧果复合果汁加工工艺

①工艺流程。

百香果—清洗—挑选—切半—挖取果肉—榨汁—过滤—原果汁。

杧果—清洗—挑选—热烫—破碎—打浆—原果汁。

百香果原果汁+杧果原果汁+辅料、食品添加剂—调配—均质—罐装—杀菌—成品。

②工艺要点。

百香果汁的制备：将果实清洗后对半切开，用不锈钢勺子挖取浆状果肉，放入搅拌机中，控温灭酶慢速搅拌，防止转速过高把籽打碎，造成果汁苦涩。用滤布过滤除去籽，分离得到百香果原果汁。

杧果汁的制备：选择新鲜、果肉为黄色、含糖量高、水分充足且表面无损伤的中等大小杧果。用不锈钢刀靠近杧果果核将杧果一分为三，去皮，切成大小均匀、适中的长方体状，立即投入1%淡盐水中浸泡2分钟后热烫3分钟。处理好的杧果直接用多功能榨汁机榨汁、破碎、打浆，浆汁通过滤布进行过滤，分离得到杧果原汁。

复合果汁调配：通过试验，对百香果复合果汁饮料的色泽、香气、口感和组织状态进行感官质量综合评价，得出口味最好、风味最佳的配方：杧果汁25%，百香果汁5%，蔗糖10%，柠檬酸0.04%。

均质处理：均质处理工艺是使果汁饮料体系中较大的果肉微粒更细微化，在系统中添加适量的稳定剂，可调整分散介质的密度，保持果汁的稳定性。均质压力为15兆帕。添加0.3%琼脂与0.3%羧甲基纤维素钠作为混合果汁的稳定剂最佳。

杀菌：对调配好的复合果汁进行灭菌，采用90℃常压杀菌10分钟即可达到杀菌目的，产品常温下保质期12个月。

③产品质量。可溶性固形物≥12%；总酸（以柠檬酸计）1.35%；总糖（Brix）12%。细菌总数≤100个/毫升；大肠菌群数≤3MPN/毫升；致病菌不得检出。

（3）百香果雪莲果复合果汁加工工艺

①工艺流程。

雪莲果—挑选—清洗—破碎—盐水浸泡—热烫—护色—榨汁—酶处理—过滤—调配—均质—杀菌—成品。

↑

百香果原浆

②工艺要求。

雪莲果汁的制备：选择新鲜、果肉为黄色、含糖量高、水分充足且表面无裂口的中等大小雪莲果。洗去附在果表面的泥土等杂物。用不锈钢刀将雪莲果去皮，切成大小均匀、适中的长方体状后立即投入 2% 的淡盐水中浸泡 10 分钟后热烫 10 分钟，后用 0.1% 的维生素 C+0.1%Na_2SO_3 护色剂。处理好的雪莲果与凉开水以 2 ∶ 1 的比例混合，用榨汁机榨汁，榨出的果汁通过滤布进行过滤，分离出果肉，得到原汁。

百香果原浆的制备：参见“百香果果实原浆加工工艺”。

调配：将雪莲果汁、百香果汁、蔗糖、柠檬酸进行调配，并进行风味评估。选出口味最好、风味最佳的配方。

均质：使用高压均质机，均质压力为 25 兆帕，均质 2 次。

杀菌：采用不同的杀菌工艺对调配好的复合果汁进行灭菌工艺试验以确定最佳的灭菌条件。

（4）百香果刺梨复合果汁加工工艺

①工艺流程。

刺梨—洗果—破碎—带式榨汁—澄清—过滤—脱气—瞬时杀菌—刺梨果实原汁—调配—过滤—脱气—瞬时杀菌—灌装封盖—检验—贴标打码—成品。

↑

百香果原浆

②工艺要求。

A. 百香果原浆制作：参见“百香果果实原浆加工工艺”。

B. 刺梨果实原汁制作。

洗果：刺梨果实的横径一般为 20~40 毫米，纵径一般为 18~40 毫米，因此采用板条滚筒式洗果机（板条间距为 16 毫米）结合高压喷水洗果洗净的果实经提升机进入破碎工艺。

破碎：采用GT6F2型果实破碎机将果实破碎成20~40毫米的碎块，送入DGJ-05型带式榨汁机榨汁，出汁率为55%以上。

澄清和膜滤：刺梨果实原汁中因富含单宁物质（含量一般为0.5~1.5毫克/100克）而带有涩味。采用果胶酶制剂与明胶联合作用来脱除刺梨果实原汁中的涩味和澄清果实原汁，取得了良好的效果。其方法：先在刺梨果实原汁中加入质量浓度为0.3~0.5克/毫升的果胶酶（先用少量果汁溶化后加入），混匀，在室温（20~25℃）下作用4~8小时，然后加入原果汁质量浓度为0.05克/升明胶（先用少量水溶化后加入）和少量硅藻土搅匀后在5~10℃下静置3~5天，取上清液，泵经RPL-P0.5型双联膜过滤机过滤，滤液按百香果果实原浆的加工方法，经TQ-2.5型真空脱气机脱气、GCM-4型超高温瞬时灭菌机灭菌和YWZJ-2A型无菌灌装系统灌装封盖后，贮于-5~0℃下备用。

C. 调配。

饮料配方：百香果果实原浆0.15千克/升、刺梨果实原汁0.10千克/升、蔗糖0.06~0.08千克/升、柠檬酸0.10%~0.12%、山梨酸钾0.05%、羧甲基纤维素钠0.001千克/升、黄原胶0.05%。

调配方法：先将蔗糖用少量软水溶解、过滤，然后分别加入百香果果实原浆、刺梨果实原汁、溶化的山梨酸钾、溶化的CMC和黄原胶及柠檬酸溶液，搅拌均匀，最后加水至配方规定的量。

D. 过滤：调配好的混合饮料泵经RPL-P0.5型双联过滤器滤网孔径为100目。

E. 脱气：从过滤器出来的饮料，进入TQ-2.5型真空脱气机脱气，真空度为（6.5~7.0）$\times 10^4$帕，时间0.5小时。

F. 杀菌：经脱气的混合饮料立即被泵入GCM-4型超高温瞬时灭菌机杀菌，杀菌温度85~90℃，杀菌时间15秒。

G. 灌装和封盖：杀菌后的混合饮料经自动定量灌装机灌入预先经严格洗罐（瓶）工艺清洗消毒的玻璃瓶、易拉罐或软包装袋并封紧瓶（罐）盖或袋，冷却至40℃以下，然后进行检验、贴标及打（喷）码和外包装即为成品。

③产品质量标准。

A. 感观指标。

色泽：橙黄色。

组织形态：外观呈均匀的浑浊状态，无黑点杂质，久置后允许有少量果肉下沉。

滋味及气味：有浓郁的百香果和刺梨果汁的混合香气，酸甜适口无异味。

B. 理化指标：百香果果实原浆含量 8% ~10%，刺梨果实原汁含量 10%~20%，维生素 C 含量为 100~200 毫克 /100 毫升，可溶性固形物含量 12%~14%，总酸 0.2~0.3 毫克 /100 毫升（以苹果酸计）。

C. 卫生指标：无致病菌及因微生物作用所引起的腐败象征，重金属含量符合 GB 11671《果、蔬罐头卫生标准》规定，食品添加剂符合 GB 2760—86《食品添加剂使用卫生标准》规定。

（三）百香果固体饮料加工

百香果固体饮料主要包括喷雾干燥果粉、冷冻干燥果块、果粉以及压片糖果或经过造粒的速溶型固体饮料。

1. 百香果果粉加工工艺

（1）工艺流程

选果—清洗—取汁—过滤—酶解或不酶解—调配—均质—干燥—粉碎—包装。

（2）工艺要求

选果：选用成熟度为 70%以上新鲜完好的果实，剔除病虫害及腐烂果。

清洗：用清水除去果皮表面的尘土、泥沙、杂质等，沥干。

取汁：将清洗后的百香果切开，将内瓤和汁液取出备用。

酶解或不酶解：在百香果汁中加入 0.01%果胶酶，在 40~45℃下酶解 1~2 小时至有清汁析出。

过滤：将酶解或不酶解的百香果内瓤和汁液用过滤器（60~100 目）进行过滤得到百香果原汁。

调配：在果汁中加入 10%~25%的麦芽糊精、0.1%~0.5%二氧化硅混合均匀。

均质：将调配后的果汁用均质设备均质 2~3 次，压强 20~25 兆帕。

干燥有两种方式，即喷雾干燥、真空冷冻干燥。

喷雾干燥：用蒸馏水调整均质后的果浆可溶性固形物含量为 10%~15%，宜再均质 1~2 次。喷雾干燥设备进风温度控制在 140~200℃，出风温度控制在

70~90℃，压力控制在 0.12~0.21 兆帕。

真空冷冻干燥：将果浆铺在平底容器高度的 1/3~1/2，在 -20~-15℃的冰箱中预冻至果浆全部坚硬，放入真空冻干机中，可分段设置不同的干燥温度和时间，干燥至水分含量≤ 6%。

粉碎：采用粉碎机将干燥后的百香果粉进行粉碎，可根据实际要求选用不同的粉碎设备。粉碎车间温度应控制在 25℃以下，空气相对湿度在 50%以下。

包装：粉碎结束后立即进行真空密封包装，材料应干燥、清洁、无异味、无毒无害，且应符合食品包装材料安全标准的要求。

图 7–3　百香果果粉

2. 冻干百香果加工工艺

（1）工艺流程

百香果去籽原浆—注模—装盘—冷冻干燥—成品。

（2）工艺要求

去籽原浆：用蒸馏水将百香果清洗干净，取百香果果浆，去籽，得到百香果去籽原浆。

注模：将百香果去籽原浆注入规格为 1 厘米 ^{3} 的塑料模具中，放置于 -20℃的冰箱中，冷冻成形，然后脱模得到百香果粒。

装盘：将脱模的百香果粒均匀地倒入尺寸为 328 毫米 ×200 毫米 ×21 毫米的铝制托盘中，铺盘厚度 10~20 毫米。

冷冻干燥：打开冻干机电源和冷阱，当冷阱温度达到 -40℃时，将装有百香果粒的托盘放入冻干机冷冻区进行预冻，分别预冻一定时间（120 分钟、150 分钟、

180 分钟、210 分钟、240 分钟）。预冻结束后，将托盘移至干燥区，物料盘装料量为 1000 克，料盘面积为 0.66 米 ^{2}。开启真空泵，当干燥室真空度低于 100 帕时，开启加热板，按照设定的加热程序［80℃（5 小时）—70℃（9 小时）—60℃（6 小时）；75℃（5 小时）—65℃（9 小时）—55℃（6 小时）；70℃（5 小时）—60℃（9 小时）—50℃（6 小时）；65℃（5 小时）—50℃（9 小时）—40℃（6 小时）］进行升温干燥。

包装：冻干所得的百香果粒富含细小孔隙，极易吸潮，因此冻干产品必须在空气相对湿度较低（20%~30%）的环境中进行密封包装，得到冻干百香果。

图 7-4　冻干百香果粒

（四）百香果酸奶加工工艺

1. 工艺流程

全脂奶粉、白砂糖溶解混匀—杀菌—冷却—接种—发酵—冷藏后熟—成品。

↑（接种）菌种、百香果汁

2. 工艺要求

（1）发酵剂的制备

按脱脂乳粉 12% 比例制得脱脂乳并分装于试管中，在高压灭菌锅中 115℃灭菌 15 分钟后，经 37℃保温 24 小时合格后备用。将冻干保存的德氏乳杆菌保加利亚亚种和嗜热链球菌接至脱脂乳培养基中，于 43℃培养，并反复活化，直到活力达到规定要求为止。

（2）果汁的制备

用清水将百香果果实冲洗干净，沥干，浆果对半切开，取出果囊，用榨汁机打浆分离种子。用 180 目尼龙过滤，离心沉淀后取上清液，加热至 85℃灭菌钝化酶活性，趁热装入经消毒的容器中，封口冷却，放入冰箱（4~8℃）备用。

（3）原料乳的制备与灭菌

将 12% 全脂奶粉与白砂糖混合加水溶解，95℃杀菌 5 分钟，迅速冷却至 45℃。

（4）接种、发酵、冷藏

将培养好的菌种和百香果汁按比例接入经杀菌冷却后的乳液，充分搅拌均匀后，于 43℃恒温培养至酸奶完全凝固及到达发酵终点，然后迅速降温停止发酵，将冷却后的酸乳于 4℃冷藏后熟 12~24 小时，即得成品。

3. 产品质量标准

（1）感官指标

产品呈均匀一致的淡黄色凝乳状；质地均匀细腻，黏度适中，无龟裂和气泡，允许有少量乳清，有百香果和酸奶的特有香味，酸甜爽口，无异味。

（2）理化指标

可溶性固形物≥ 11.5%，酸度≥ 70° T。

（3）卫生指标

乳酸菌数≥ 1×10^6 CFU/100 毫升，大肠菌群数≤ 1×10^6 MPN/100 毫升，致病菌不得检出。

（五）百香果果醋加工工艺

1. 工艺流程

酒用酵母—活化（↓接入“灭菌”后）

百香果选果—洗净—取汁、匀浆—粗滤—酶解—调糖、调酸—灭菌—酒精发酵—酒精度调整—醋酸发酵—倒罐—陈酿—澄清—精滤—灌装、灭菌—成品。

醋酸菌—活化（↑接入“醋酸发酵”）

2. 工艺要求

选果：选取新鲜、柔软适中、达 7 成熟以上的果实。

洗净：用水清洗 3~4 次，清洗后达到生产卫生要求。

取汁：采用取汁设备，打开果皮，取出果囊及果汁。

匀浆：将去皮后的果囊及果汁进行匀浆，以不破碎种子为度。

粗滤：采用滤径为 75~150 微米（100~200 目）的过滤设备进行粗滤，得到百香果原汁。

酶解：添加可降解果胶的酶制剂（质量体积比 0.04%~0.07%）搅拌混匀，在 40~50℃保持 1 小时，得到百香果原汁。

调糖调酸：用蔗糖、酸味剂对酶解后的百香果原汁进行调糖、调酸，得到糖度为 8~16° Bx、pH3.5~4.5 的百香果汁液。

灭菌：采用巴氏灭菌或超高压瞬时灭菌。

酒精发酵：将百香果汁液注入无菌的发酵设备中，添加已活化的酒用酵母（质量体积比 0.01%~0.2% 的活性干酵母），搅拌均匀，封罐发酵，在适宜温度（25~32℃）条件下发酵至酒精度达到 ≥ 4%。

调整酒精度：调整发酵液酒精度至 4%~7%。

醋酸发酵：在发酵液中加入已活化的醋酸菌，在适宜的温度下发酵至总酸（以乙酸计）≥ 3.5 克 /100 毫升。

倒罐：醋酸发酵完成后，进行倒罐，去除沉淀物。

陈酿：将倒罐后的醋液注入陈酿设备，在常温下陈酿 30 天以上。

澄清：根据醋液产品情况进行澄清。

精滤：采用精滤设备进行精滤。

灌装、灭菌：根据产品要求进行灌装，采用巴氏灭菌或超高压瞬时灭菌，冷却后包装。

图 7-5　百香果果醋

（六）百香果果酒加工工艺

1. 工艺流程

酵母菌—活化
↓
选果—清洗—取汁—过滤—酶解—调配—发酵—倒罐（后发酵）—澄清—陈酿—过滤、杀菌、灌装。

2. 工艺要求

选果：选用成熟度为 90% 以上新鲜完好的果实，剔除病虫害、腐烂、严重皱缩的果实。

清洗：将百香果用流动水冲洗干净，除去果皮表面的尘土、泥沙、杂质等，沥干。

取汁：将清洗后的百香果切开，将内瓤和汁液取出后进行匀浆，以不破碎种子为宜。

酶解：在匀浆后的百香果浆中加入 0.01% 果胶酶，在 40~45℃下酶解 1~2 小时至有清汁析出。

过滤：将酶解后百香果内瓤和汁液用过滤器 75~150 毫米（50~200 目）进行过滤得到百香果原汁。

调配：在过滤后的百香果原汁中加入 50~100 毫克 / 升焦亚硫酸钾，根据不同类型百香果酒酿造所需糖量添加白砂糖搅拌溶解。

发酵分两步，即酵母活化、果酒发酵。

酵母活化：将活性干酵母按活性干酵母，加入其 10 倍质量的 37℃的水中活化 20 分钟。

果酒发酵：将活化好的酿酒酵母接种至调配好的百香果汁中，搅拌混匀，在 20~30℃下恒温发酵 7~10 天，完成酒精发酵。

倒罐（后发酵）：酒精发酵结束后，进行倒罐处理，将上层清液倒至另一发酵罐中

图 7-6　百香果果酒

进行恒温（20℃）后发酵 20~30 天。

澄清：后发酵结束后进行换罐，加入 0.05~0.1 克 / 升的明胶、皂土等澄清剂进行澄清，澄清结束后采用硅藻土过滤机过滤后陈酿。

陈酿：在避光、阴凉的环境下进行陈酿 1 个月以上。

过滤、杀菌、灌装：陈酿后的百香果酒过滤除菌，在灌装前应进行 62℃杀菌 30 分钟。采用玻璃瓶、塑料瓶等容器灌装。包装容器应清洁、封装严密、无漏气、无胀漏现象，符合食品安全标准要求和有关规定。

（七）百香果果皮综合利用加工

福建省作为百香果生产大省，产量呈逐年增加趋势。2018 年底全国百香果总产量达到 59 万吨，较上年新增 67.47%；福建省总产量达 20 万吨，较上年增长 150%。百香果果汁因营养丰富，常被加工成复合果汁、果醋、果酒等加工产品。百香果果实由质量分数为 35%~38% 的果汁、质量分数为 50%~55% 的果皮、质量分数为 5%~8% 的种子组成。果皮占比整果果重 50% 以上果皮，含有丰富的粗纤维和果胶，其中果胶含量达 12.5%，因此可以制作果酱馅料、果脯蜜饯，也可以用于提取果胶等物质。

1. 百香果果脯加工工艺

（1）加工工艺

选果—清洗—收果皮—烫漂—漂洗—去除外表皮—糖渍—包馅—干燥—包装。

（2）工艺要求

选果：选用成熟度为 70%以上新鲜完好的果实，剔除病虫害、腐烂及严重皱缩果。

清洗：用清水将百香果冲洗，除去果皮表面的尘土、泥沙等杂质，沥干。

收果皮：将清洗后的百香果切开，将内瓤和汁液取出，收集果皮，备用。

烫漂：将百香果皮放入 0.1%~0.3%柠檬酸沸液中烫漂 8~12 分钟。

漂洗：将百香果皮置于清水中漂洗 2~3 次或置于流动的水中浸泡 3~5 分钟，沥干。

去除外表皮：宜用不锈钢小勺等工具将沥干的百香果内皮挖出，除去外皮硬壳，挖出的百香果内皮层应保持完整的半球形。

糖渍：将去除外表皮的百香果皮加入25%~35%白砂糖、20~50毫克/千克焦亚硫酸钠和0.1%~0.2%柠檬酸的混合溶液中，室温下糖渍1~2天。

包馅：用两片百香果皮尽量完全包裹百香果浆，质量比宜为5 ∶ 1。

干燥：采用分段的方法进行干燥，具体操作如下。

一段干燥：采用50~70℃热风，干燥6~12小时后，再用15~38℃冷风，干燥8~15小时；将一段干燥后的果片下筛装入果筐中，添加过60~80目筛的白砂糖粉搅拌均匀，回软24~36小时。

二段干燥：采用15~38℃冷风，干燥8~15小时，待果片中水分含量为15%~20%时即完成干燥；将二段干燥后的果片下筛装入果筐中，宜用过60~80目筛的白砂糖粉搅拌均匀。

包装：包装前的果脯应进行筛选，包装时轻拿轻放，避免机械损伤；包装材料应干燥、清洁、无异味、无毒无害，且应符合食品包装材料安全标准的要求。

图7-7　百香果果脯

2. 百香果果酱（馅料）加工工艺

（1）工艺流程

选果—清洗—收果皮—烫漂—漂洗—去除外表皮—打浆—熬制—灌装—杀菌—冷却—包装。

（2）工艺要求

选果：选用成熟度为70%以上新鲜完好的果实，剔除病虫害及腐烂果及严重皱缩果。

清洗：用清水除去果皮表面的尘土、泥沙、杂质等，沥干。

收果皮：将清洗后的百香果切开，将内瓤和汁液取出备用，收集果皮。

烫漂：将百香果皮放入0.1%~0.3%柠檬酸沸液中烫漂8~10分钟。

漂洗：将百香果皮置于清水中漂洗2~3次，或置于流动的水中浸泡3~5分钟，沥干。

去除外表皮：宜用不锈钢小勺等工具将沥干的百香果内皮挖出，除去外表皮硬壳。

打浆：将去除外表皮的百香果果皮与水按（2~3）∶1比例混合打浆得到百香果果皮浆。

熬制：将果皮浆和原果汁按（1~2）∶1比例混合成全果浆，置于锅中高温熬煮至体积减小至1/3时改用低温熬制，同时加入全果浆质量为10%~20%的白砂糖，熬煮浓缩至35~45° Bx，全程应不断搅拌。

灌装：出锅后宜采用玻璃瓶进行热灌装，包装容器应清洁、封装严密、无漏气、无渗漏现象，符合食品安全标准要求和有关规定。

杀菌：宜选用巴氏杀菌法进行杀菌。

冷却：将杀菌后的百香果果酱放置在20~25℃的温度环境中进行自然冷却。

包装：包装符合GB/T 22474《果酱》的要求，材料应干燥、清洁、无异味、无毒无害，且应符合食品包装材料安全标准的要求。

图7-8　百香果果酱

3. 百香果果胶提取技术

（1）工艺流程

果皮—前处理—破碎—酶灭活—漂洗—调pH—加热水解—离心分离—滤液—浓缩—沉淀—洗涤—干燥—粉碎—高甲氧基果胶。

（2）工艺要求

前处理：将新鲜的果皮洗净，除去杂质、污物、泥沙等即可。若是干果皮则需将其浸泡复水，再将原料绞成2~5毫米^{3}的小块，以增加表面积，便于水解。用新鲜果皮提取的果胶色泽浅，胶凝度亦比用干果皮的高。

酶灭活、漂洗：用煮沸的水浸泡5~8分钟，钝化存在的果胶酶，防止提取过程果胶的降解，而后迅速用清水漂洗，除去部分的色素、残余的糖酸杂质，用水漂洗15分钟左右，后期有少量的果胶流出，此为劣质果胶，可以弃之不要。

水解：水和原料的比为6∶1，用盐酸和少量的磷酸将pH调至2.3，在

85~95℃萃取 90 分钟左右即可，加热期间要不停地搅拌，以防受热不均。另外，可在水中加少量的焦磷酸四钠，以提高产品得率。

胶渣分离：用离心机或板框压滤机等趁热过滤分离，分离液含果胶约为 0.6%，滤渣经处理后用作饲料。

浓缩：一般以真空浓缩为好，真空度最好在 600 毫米汞柱以上，60℃将果胶浓缩至 4.0% 左右，直接加热浓缩易使果胶降解。若作为液体果胶，此时可直接用于生产，或者加热杀菌后保藏销售。

冷却：应迅速降温冷却，以减少果胶的破坏和沉淀剂的用量。

沉淀：用 95% 的乙醇将果胶沉淀，沉淀要使最终的酒度达 45%~50%，沉淀 1~2 小时后再用酸性酒精洗涤 1~2 次，进一步除去色素及其他杂质成分。离心脱去液体，过滤得越干越好，既有利于下一步的干燥，又有利于酒精的回收。

干燥：将滤干的果胶在 70℃条件下干燥，时间为 5 小时左右，使果胶含水量在 10% 以下。若用真空干燥效果更好，所得果胶产品色泽浅。

粉碎：将干燥后的果胶进行粉碎、包装，即得到高甲氧基果胶。粉碎的粒度为 40~120 目，视要求而定。

4. 百香果果胶保鲜膜的制备及其应用研究

可食膜是一种可替代塑料保鲜膜的新型食品包装材料，由生物大分子为原材料，再添加其他成膜基质如增塑剂、交联剂等，使不同成膜基质间相互产生作用，最终形成多孔致密网状结构的绿色无毒可食薄膜。可食膜主要分类为多糖类可食膜、脂质类可食膜、蛋白质类可食膜和可食复合膜类，多糖作为自然界中生物大分子的重要组成部分，以其为膜基质制成的薄膜能够有效延缓果蔬腐烂、变质，而果胶是一种天然多糖聚合物，以其良好的凝胶性成为多糖膜的重要成膜基材之一。王锦绣研究了百香果果皮中提取 PFPP（百香果果胶）并制成可食膜，不仅可以提高百香果本身利用价值，制得的可食膜无毒、可食、易降解，可应用于果蔬保鲜、果茶包内包装、调料包包装等方面。具体 PFPP 可食膜配制工艺如下：

精确称取一定质量 PFPP，加入些许蒸馏水磁力搅拌至完全溶解，按比例依次加入一定质量 CMC、PVA、甘油，磁力搅拌均匀，即得百香果可食膜液。用延展法将百香果可食膜液涂布于玻璃培养皿中，真空脱气 1 小时后置于烘箱中干燥一定时间，取出玻璃皿于 25℃、空气相对湿度 60% 环境中稳定 2 小时，揭膜，

即得百香果可食膜。

该研究结果表明：百香果果胶最佳制膜工艺条件为 CMC 质量浓度 0.2%、PVA 质量浓度 1.0%、干燥温度 40℃，此时膜的 TA 为 18.92 ± 0.77 兆帕、EAB 为 177.32% ± 3.56%、透光率为 67.47% ± 0.98%、WVPR 为（0.91 ± 0.001）$\times 10^{-4}$，综合评分为 0.801 ± 0.21，且生产 1 吨可食性膜液所需成本为 1564.80 元，即 1.57 元 / 千克，成本低廉。

通过测定在常温和低温保存条件下 PFPP 膜对草莓保鲜过程中理化指标的变化，来研究 PFPP 膜对草莓的保鲜效果，结果表明：常温和低温保存条件下，PFPP 可食膜均能有效延长新鲜草莓货架期；4℃贮藏 8 天与 21℃贮藏 25 天，CK 组草莓失重率均为最大值，分别为 60.38%、74.91%，PFPP 处理组失重率均为最小值，分别为 16.66% 和 6.76%，此时 CK 组失重率分别为 60.38%、74.91%，PFPP 组失重率较 CK 组分别降低了 34.12%、36.14%；在 21℃贮藏 2 天、4℃贮藏 20 天时，CK 组草莓开始生长霉菌继而腐烂，而 PFPP 处理组仅因水分蒸发而皱缩，贮藏期间始终未出现霉菌，可见 PFPP 膜可有效抑制细菌生长；与 PE、PFPPL、PE-PFPPL、GFP、BP 组对草莓保鲜效果相比，PE 组草莓色度角最小，颜色最红，其次是 PFPP 组；在 21℃及 4℃贮藏结束时，PFPP 组处理的草莓样品在实验中均保持最高的 TSS 水平，分别为 12.70% ± 0.11% 和 14.80% ± 0.09%，这也表明 PFPP 组较其他组相比可以为草莓提供更合适的贮藏环境；21℃贮藏 8 天、4℃贮藏 25 天后，PFPP 膜有机酸含量在 7 组处理中均为最大值，分别为 12.88% ± 0.11% 和 13.94% ± 0.29%，比 CK 组分别高 28.4%、23%，且 PFPP 组草莓的维生素 C 含量下降速度相对于其他处理组更加缓慢。试验结果表明，PFPP 膜在草莓保鲜方面具有优异的性能。

（八）百香果籽油萃取加工

百香果果实含有果皮、果汁和果籽，其中果籽占果实质量的 6%~12%。百香果籽中脂肪含量约为 30%，其中脂肪酸主要成分为亚油酸、油酸、棕榈酸等。此外，百香果籽油中还富含类胡萝卜素和酚类化合物等多种抗氧化活性成分，是一种优质的植物油资源。

目前，百香果籽油的提取方法有物理压榨法、索式提取法、超声波辅助溶剂提取法、微波辅助溶剂提取法、超临界 CO_2 提取法等。物理压榨是依靠压力对原料进行粉碎挤压将油脂直接分离，具有无添加、无污染的优点，但对原料的含油量有比较高的要求。索式提取法操作简单，油脂获得率较高，但容易产生溶剂残留，部分有机溶剂有毒性且提取物中杂质较多。与上述提取方法相比较，水酶法提油绿色安全，污染少且对原料的含油量要求不高；提取的原油质量较好，便于进行下一步的精炼操作；提取的整个操作处理温和，能够保存油料当中的营养成分。水酶法是先利用机械（如超声波等）外力破坏油料细胞组织，以及脂蛋白、脂多糖等油脂复合体，通过加入纤维素酶、蛋白酶、果胶酶等生物酶制剂对细胞组织和油脂复合体进行降解，从而使油脂得以游离出来。

1. 百香果籽油超临界 CO_2 提取工艺研究

百香果籽—烘干—破碎—过筛—称量—装入萃取器—设定 CO_2 流量—控制萃取条件（萃取温度 53.1℃，萃取压力 33.9 兆帕，萃取时间 3.6 小时）—超临界 CO_2 萃取—分离—百香果籽油。

2. 紫果百香果果籽中果籽油的分离提取（索氏提取法）

（1）工艺流程

紫果百香果—碱浸—压榨—酶解—离心—索式提取—籽油。

（2）工艺要求

取籽：剥除紫果百香果的果肉。

浸泡：取出果籽后在石灰水（质量分数 5%）中浸泡 1 天。

清洗：用蒸馏水冲洗净果籽表面。

压榨：称取一定量的果籽放入搅拌机中，补加适量的蒸馏水，反复多次分批压榨。

酶解：压榨后分离残渣，加入复合酶（葡萄淀粉酶 + 纤维素酶），酶添加量 8%，料液比 1 ∶ 4（克 / 毫升），常温下酶解 5 小时。

离心：离心分离出游离油和乳状液。

索式提取：采用索式提取法，加热至 170℃，沸腾回流后冷凝出果籽油。

图 7–9　百香果籽油